조선총독부 편찬

초등학교 〈地理〉교과서 번역 (下)

김순전 · 박경수 · 사희영 譯

Publishing Company

1944년『初等地理』第五學年

初等地理

第五學年

朝鮮總督府

1944년『初等地理』第六學年

初等地理

第六學年

朝鮮總督府

≪총목차≫

제6학년(1944)

<序 文>

1. 조선총독부 편찬 초등학교 <地理>교과서 번역서 발간의 의의

본서는 일제강점기 조선총독부에 의해 편찬된 관공립 초등학교용 <地理>교과서 『初等地理書』卷一・二(1932-33, 2권), 『初等地理』第五・六學年(1944) 등 총 4권에 대한 번역서이다.

교과서는 국민교육의 정수(精髓)로, 한 나라의 역사진행과 불가분의 관계성을 지니고 있기에 그 시대 교과서 입안자의 의도는 물론이려니와 그 교과서로 교육받은 세대(世代)가 어떠한 비전을 가지고 새 역사를 만들어가려 하였는지를 알아낼 수 있다.

주지하다시피 한국의 근대는 일제강점을 전후한 시기와 중첩되어 있었는데, 그 관계가 '국가 對 국가'이기보다는 '식민국 對 식민지'라는 일종의 수직적 관계였기에 정치, 경제, 사회, 문화, 교육에 이르기까지 일제의 영향을 배제하고는 생각하기 어렵다.

이는 교육부문에서 두드러진 현상으로 나타난다. 근대교육의 여명기에서부터 일본의 간섭이 시작되었던 탓에 한국의 근대교육은 채 뿌리를 내리기도 전에 일본의 교육시스템을 받아들이게 되었고, 이후 해방을 맞기까지 모든 교육정책과 공교육을 위한 교과서까지도 일제가 주도한 교육법령에 의해 강제 시행되게 되었다. 그런 까닭에 일제강점기 공교육의 기반이 되었던 교과서를 일일이 찾아내어 새로이 원문을 구축하고 이를 출판하는 작업은 '教育은 百年之大系'라는 생각으로 공교육을 계획하는 국가 교육적 측면에서도 매우 중차대한 일이라 여겨진다. 이야말로 근대 초등교과과정의 진행과 일제의 식민지교육정책에 대한 실체를 가장 적확하게 파악할 수 있는 기반이 될 뿐만 아니라, 현 시점에서 보다 나은 시각으로 역사관을 구명할 수 있는 기초자료가 될 수 있기 때문이다.

지금까지 우리는 "일본이 조선에서 어떻게 했다"는 개괄적인 것은 수없이 들어왔으나, "일본이 조선에서 이렇게 했다"는 실제를 보여준 적은 지극히 드물었다. 이는 '먼 곳에 서서 숲만 보여주었을 뿐, 정작 보아야 할 숲의 실체는 보여주지 못했다.'는 비유와도 상통한다. 때문에 본 집필진은 이미 수년전부터 한국역사상 교육적 식민지 기간이었던 일제강점기 초등교과서의 발굴과 이의 복원 정리 및 연구에 진력해 왔다. 가장 먼저 한일 <修身>교과서 58권(J:30권, K:28권) 전권에 대한 원문서와 번역서를 출간하였고, <國語(일본어)>교과서 72권 전권에 대한 원문서와 번역서의 출간을 지속적으로 진행하고 있는 중에 있다. 또한 <唱歌>교과서의 경우 19권 전권을 원문과 번역문을 함께 살펴볼 수 있도록 대조번역서로 출간하였으며, <地理>교과서도 원문서는 얼마 전에 출간한 바 있다. 또한 이들 교과서에 대한 집중연구의 결과는 이미 연구서로 출간되어 있는 상태이다.

일제강점기 조선의 초등학교에서 사용되었던 <地理>교과서 원문서 발간은 이러한 작업의 일환에서 진행된 또 하나의 성과이다. 본 원문서 발간의 필연성은 여타의 교과서와는 다른 <地理>교과서의 교육적 효과, 즉 당시의 사회상을 통계와 실측에 기초한 각종 이미지 자료를 활용하여 보다 실증적인 교육전략을 구사하고 있기에 그 의의를 더한다.

한국이 일본에 강제 병합된 지 어언 100년이 지나버린 오늘날, 그 시대를 살아온 선인들이 유명을 달리하게 됨에 따라 과거 민족의 뼈아팠던 기억은 갈수록 희미해져 가고 있다. 국가의 밝은 미래를 그려보기 위해서는 힘들고 어려웠던 지난날의 고빗길을 하나하나 되짚어 보는 작업이 선행되어야 하지만, 현실은 급변하는 세계정세를 따르는데 급급하여 이러한 작업은 부차적인 문제로 취급되고 있는 실정이다. 과거를 부정하는 미래를 생각할 수 없기에 이러한 작업이 무엇보다도 우선시되어야 할 필연성을 절감하지 않을 수 없는 것이다.

최근 일본 정치권에서는 제국시절 만연했던 국가주의를 애국심으로 환원하여 갖가지 전략을 구사하고 있다. 물론 과거의 침략전쟁에 대한 비판의 목소리도 있긴 하지만, 현 일본 정치권의 이같은 자세에 대해 더더욱 실증적인 자료 제시의 필요성을 느낀다.

이에 본 집필진은 일제강점기 조선인 학습자에게 시행되었던 <地理>교과서 중 가장 특징적인 <地理>교과서 4冊을 번역 출간함으로써, 한국인 누구나가 당시 <地理>교육의 실상을 살펴볼 수 있는 실증적 자료제시와 더불어 관련연구의 필수적 기반으로 삼고자 하는 것이다.

2. 일제강점기 지리교육의 전개와 <地理>교과서

1) 식민지 지리교육의 전개

한국 근대교육의 교과목에 공식적으로 <歷史>와 함께 <地理>가 편제된 것은 1906년 8월 공포된 <보통학교령> 제6조의 "普通學校 教科目은 修身, 國語 및 漢文, 日語, 算術, 地理, 歷史, 理科, 圖畵, 體操로 한다. 여자에게는 手藝를 가한다."(勅令 제44호)는 조항에 의한다. 그러나 <보통학교규칙>제9조 7항을 보면 "地理歷史는特別亨時間을定치아니亨고國語讀本及日語讀本에所

載한바로教授ᄒᆞᄂᆞ니故로讀本中此等教授教材에關고ᄒᆞ야ᄂᆞᆫ特히反復丁寧히說明ᄒᆞ야學徒의記憶을明確히홈을務.홈이라."고 되어있어, 별도의 시수 배정이나 교과서 편찬은 하지 않고 國語(일본어) 과목에 포함시켜 교육하고 있었음을 말해준다.

이러한 시스템은 강점이후로 그대로 이어졌다. 한국을 강제병합한 일본은 한반도를 일본제국의 한 지역으로 인식시키기 위하여 '大韓帝國'을 '朝鮮'으로 개칭(改稱)하였다. 그리고 제국주의 식민지정책 기관으로 '조선총독부'를 설치한 후, 초대총독으로 데라우치 마사타케(寺內正毅, 이하 데라우치)를 임명하여 원활한 식민지경영을 위한 조선인의 교화에 착수하였다. 이를 위하여 무엇보다도 역점을 둔 정책은 식민지 초등교육이었다. 1911년 8월 공포된 <조선교육령> 全文 三十條는 데라우치의 조선인교육에 관한 근본방침이 그대로 담고 있는데, 그 요지는 '일본인 자제에게는 학술, 기예의 교육을 받게 하여 국가융성의 주체가 되게 하고, 조선인 자제에게는 덕성의 함양과 근검을 훈육하여 충량한 국민으로 양성해 나가는 것'이었다. 교과서의 편찬도 이의 취지에 따라 시도되었다.

그러나 강점초기 <地理> 및 <歷史>과목은 이전과는 달리 교과목 편제조차 하지 않았다. 당시 4년제였던 보통학교의 학제와 관련지어 5, 6학년에 배정된 역사, 지리과목을 설치할 수 없다는 표면적인 이유에서였지만, 그보다는 강점초기 데라우치가 목적했던 조선인교육방침, 즉 "덕성의 함양과 근검을 훈육하여 충량한 국민으로 양성"해 가는데 <地理>과목은 필수불가결한 과목에 포함되지 않았다는 의미에서였을 것이다. <地理>에 관련된 내용이나 변해가는 지지(地誌)의 변화 등 지극히 일반적인 내용이나 국시에 따른 개괄적인 사항은 일본어교과서인 『國語讀本』에 부과하여 학습하도록 규정하고 있었기에, 좀 더 심화된 <地理>교과서 발간의 필요성이 요구되지 않았던 까닭으로 보인다.

일제강점기 초등교육과정에서 독립된 교과목과 교과서에 의한 본격적인 지리교육은 <3·1운동> 이후 문화정치로 선회하면서부터 시작되었다. 보통학교 학제를 내지(일본)와 동일하게 6년제로 적용하게 되면서 비로소 5, 6학년과정에 <國史(일본사)>와 함께 주당 2시간씩 배정 시행되게 된 것이다. 이러한 사항은 1922년 <제2차 교육령> 공포에 의하여 법적 근거가 마련되게 되었다. 이후의 <地理>교육은 식민지교육정책 변화에 따른 교육법령의 개정과 함께 <地理>과 교수요지도 변화하게 된다. 그 변화 사항을 <표 1>로 정리해보았다.

<표 1> 교육령 시기별 <地理>과 교수 요지

시기	법적근거	내용
2차 교육령 (1922.2.4)	보통학교규정 14조 조선총독부령 제8호 (동년 2.20)	- 지리는 지구의 표면 및 인류생활의 상태에 관한 지식 일반을 가르치며, 또한 우리나라(일본) 국세의 대요를 이해하도록 하여 애국심을 기르는데 기여하는 것을 요지로 한다. - 지리는 우리나라(일본)의 지세, 기후, 구획, 도회(都會), 산물, 교통 등과 함께 지구의 형상, 운동 등을 가르치도록 한다. 또한 조선에 관한 사항을 상세하게 하도록 하며, 만주지리의 대요를 가르치고, 동시에 우리나라(일본)와의 관계에서 중요한 여러 국가들의 지리에 대해 간단한 지식을 가르치도록 한다. - 지리를 가르칠 때는 도리 수 있는 한 실제 지세의 관찰에 기초하며, 또한 지구본, 지도, 표본, 사진 등을 제시하여 확실한 지식을 가지도록 한다. 특히 역사 및 이과의 교수사항과 서로 연계할 수 있도록 한다.
3차 교육령 (1938.3.3)	소학교규정 21조선총독부령 제24호 (동년 3.15)	- 지리는 자연 및 인류생활의 정태에 대해서 개략적으로 가르쳐서 우리 국세의 대요와 여러 외국의 상태 일반을 알게 하야 우리나라의 지위를 이해시킨다, 이를 통해서 애국심을 양성하고 국민의 진위발전의 지조와 기상을 기르는 데에도 기여하도록 한다. - 심상소학교에서는 향토의 실세로부터 시작하여 우리나라의 지세, 기후, 구획, 도회, 산물, 교통 등과 함께 지구의 형상, 운동 등의 대요를 가르친다, 또한 만주 및 중국 지리의 대요를 알게 하며, 동시에 우리나라와 밀접한 관계를 유지하는 여러 외국에 관한 간단한 지식을 가

		르치고 이를 우리나라(일본)와 비교하도록 한다. - 고등소학교에서는 각 대주(大洲)의 지세, 기후, 구획, 교통 등의 개략에서 나아가 우리나라와 밀접한 관계를 가지는 여러 외국의 지리 대요 및 우리나라의 정치 경제적인 상태, 그리고 외국에 대한 지위 등의 대요를 알게 한다, 또한 지리학 일반에 대해서도 가르쳐야 한다. - 지리를 가르칠 때는 항상 교재의 이동에 유의하여 적절한 지식을 제공하고, 또한 재외 거주 동포들의 활동상황을 알게 해서 해외발전을 위한 정신을 양성하도록 해야 한다, - 지리를 가르칠 때는 될 수 있는 대로 실지의 관찰에 기초하며, 또한 지구의, 지도, 표본, 사진 등을 제시하여 확실한 지식을 가지도록 한다. 특히 역사 및 이과의 교구사항과 서로 연계할 수 있도록 한다.
국민학교령 (1941.3)과 4차교육령 (1943.3 8)	국민학교규정 7조 조선총독부령 제90호	- 국민과의 지리는 우리국토, 국세 및 여러 외국의 정세에 대해 이해시키도록 하며, 국토애호의 정신을 기르고 동아시아 및 세계 속에서 황국의 사명을 자각시키는 것으로 한다. - 초등과는 생활환경에 대한 지리적 관찰에서 시작하여 우리 국토 및 동아시아를 중심으로 하는 지리대요를 가르치며, 우리국토를 올바르게 인식시키고 다시 세계지리 및 우리 국세의 대요를 가르쳐야 한다. - 자연과 생활과의 관계를 구체적으로 고찰하도록 하며, 특히 우리 국민생활의 특질을 분명하게 밝히도록 한다. - 대륙전진기지로서 조선의 지위와 사명을 확인시켜야 한다. - 재외국민의 활동상황을 알도록 해서 세계웅비의 정신을 함양하는데 힘써야 한다 - 간이한 지형도, 모형 제작 등 적당한 지리적 작업을 부과해야 한다. - 지도, 모형, 도표, 표본, 사진, 회화, 영화 등은 힘써 이를 이용하여 구체적, 직관적으로 습득할 수 있도록 해야 한다. - 항상 독도력의 향상에 힘써 소풍, 여행 기타 적당한 기회에 이에 대한 실지 지도를 해야 한다.

위의 교육령 시기별 <地理>과 교수요지의 중점사항을 살펴보면, <2차 교육령> 시기는 지리교육 본연의 목적인 "지구의 표면 및 인류생활의 상태에 관한 지식 일반"과 함께 "국세의 대요 이해"와 "애국심 앙양"에, <3차 교육령> 시기에는 이에 더하여 "국민의 진위발전의 지조와 기상 육성", "해외발전을 위한 정신양성"에 중점을 두었다. 그리고 태평양전쟁을 앞두고 전시체제를 정비하기 위해 <국민학교령>을 공포 이후부터는 '修身' '國語' '歷史'과목과 함께 「國民科」에 포함되어 "국토애호정신의 함양", "황국의 사명 자각, 즉 대륙전진기지로서 조선의

지위와 사명의 확인”이라는 사항이 추가로 부과되어 <4차 교육령> 시기까지 이어진다. 식민지 <地理>교육은 각 시기별 교육법령 하에서 이러한 중점사항을 중심으로 전개되었다.

2) 일제강점기 <地理>교과서와 교수 시수

식민지 초등학교에서의 본격적인 <地理>교육은 1920년대부터 시행되었다. 그러나 당시는 교과서가 준비되지 않았기에, 일본 문부성에서 발간한 교재와 2권의 보충교재로 교육되었다. 다음은 일제강점기 <地理>교과서 발간사항이다.

<표 2> 조선총독부 <地理>교과서 편찬 사항

No	교과서명	발행년도	분량	가격	사용시기	비고
①	尋常小學地理補充教材	1920	44	10錢	1920~1922	일본 문부성 편찬 『尋常小學地理』 上·下를 주로하고 조선 관련사항만이 보충교재로 사용함.
②	普通學校地理補充教材 全	1923	32	10錢	1923~1931	
③	**初等地理書 卷一**	**1932**	**134**	**18錢**	**1931~1936**	**조선총독부 발간 첫 지리교과서 (2차 교육령 보통학교규정 반영)**
	初等地理書 卷二	**1933**	**190**	**20錢**		
④	初等地理 卷一	1937	143	17錢	1937~1939	부분개정
	初等地理 卷二	1937	196	19錢		
⑤	初等地理 卷一	1940	151	19錢	1940~1942	” (3차 교육령 반영)
	初等地理 卷二	1941	219	24錢		
⑥	初等地理 卷一	1942	151	24錢	1942~1943	“ (국민학교령 반영)
	初等地理 卷二	1943	152	24錢		
⑦	**初等地理 第五學年**	**1944**	**158**	**29錢**	**1944~1945**	**전면개편 (4차 교육령 반영)**
	初等地理 第六學年	**1944**	**159**	**28錢**		

<표 2>에서 보듯 처음 <地理>교과서는 문부성 편찬의 일본교재인 『尋常小學地理』에, 조선지리 부분은 ①『尋常小學地理補充教材』(1920)와 ②『普通學校地理補充教材』(1923)가 사용되었다. 이후 근로애호, 흥업치산의 정신이 강조되면서 1927년 <보통학교

규정>이 개정되고, 아울러 식민지 조선의 실정에 입각한 보통학교용 지리교과서 개발의 필요성이 제기됨에 따라 새롭게 편찬된 교과서가 ③『初等地理書』卷一・卷二(1932~33)이다. 『初等地理書』卷一・卷二는 당시 학문으로서의 과학성보다는 교양으로서 실용성을 우위에 두었던 일본 지리교육계의 보편적 현상에 따라 일차적으로 지방구분하고 자연 및 인문의 항목 순으로 기술하는 정태(情態)적 구성방식을 취하였고, 내용면에서는 당시의 식민지 교육목적을 반영하였다. 이후 식민지기 조선에서 사용된 초등학교 <地理>교과서는 시세에 따른 교육법령과 이의 시행규칙에 의하여 위와 같이 부분 혹은 대폭 개정되게 된다.

1931년 9월 <만주사변>을 일으킨 일제는 이듬해인 1932년 만주국을 건설하고 급기야 중국본토를 정복할 목적으로 1937년 7월 <중일전쟁>을 개시하였다. 그리고 조선과 조선인의 전시동원을 목적으로 육군대장 출신 미나미 지로(南次郞)를 제7대 조선총독으로 임명하여 강력한 황민화정책을 시행코자 하였으며, 이의 법적장치로 '국체명징(國體明徵)', '내선일체', '인고단련(忍苦鍛鍊)' 등을 3대 강령으로 하는 <3차 교육령>을 공포(1938)하기에 이른다. 개정된 교육령에서 이전에 비해 눈에 띠게 변화된 점은 단연 교육기관 명칭의 개칭과 교과목의 편제이다. 기존의 '보통학교(普通學校)'를 '소학교(小學校)'로, '고등보통학교'를 '중학교(中學校)'로, '여자고등보통학교'를 '고등여학교(高等女學校)'로 개칭하였음이 그것이며, 교과목의 편제에 있어서도 '조선어'는 수의과목(선택과목)으로, '國語(일본어)', '國史(일본사)', '修身', '體育' 등의 과목은 한층 강화하였다. 이러한 취지가 ⑤『初等地理』卷一, 二(1940-41)에 그대로 반영되었다. 구성면에서는 국내지리는 종전의 방식을 이어간 반면, 세계지리의 경우 급변하는 세계정세를 반영하여 대폭 조정되었고, 내용면에서는 당시의 지리교육목적인 '대륙전진기지로서의 조선의 지위와 사명을 자각시키는 것'에 중점을 둔 기술방식으로의 전환이 특징적이다.

<중일전쟁>이 갈수록 확장되고, 유럽에서는 독일의 인근국가 침략으로 시작된 동구권의 전쟁에 영국과 프랑스가 개입하면서 <2차 세계대전>으로 확대되어갈 조짐이 드러나자, 급변하는 세계정세의 흐름에 대처하기 위한 방안으로 식민지 교육체제의 전면개편을 결정하고, 이를 <국민학교령>(1941.3)으로 공포하였다. 이에 따라 기존의 '小學校'를 전쟁에 참여할 국민양성을 목적한 '國民學校'로 개칭하였고, 교과목 체제도 합본적 성격의 「國民科」「理數科」「體鍊科」「藝能科」「實業科」 등 5개과로 전면 개편되었다. <修身> <國語> <國史>와 함께 <地理>과목이 속해 있는 「國民科」의 경우 "교육칙어의 취지를 받들어 皇國의 道를 수련(修練)하게 하고 國體에 대한 信念을 깊게 함"(국민학교령시행규칙 제1조)은 물론 "國體의 精華를 분명히 하여 國民精神을 함양하고, 皇國의 使命을 자각하게 하는 것"(동 규칙 제2조)을 요지로 하고 있으며, 이의 수업목표는 동 규칙 제3조에 다음과 같이 제시하였다.

> 國民科는 我國의 도덕, 언어, 역사, 국사, 국토, 國勢 등을 습득하도록 하며, 특히 國體의 淨化를 明白하게 하고 國民精神을 涵養하여 皇國의 使命을 自覺하도록 하여 忠君愛國의 志氣를 養成하는 것을 요지로 한다. 皇國에 태어난 것을 기쁘게 느끼고 敬神, 奉公의 眞意를 체득시키도록 할 것. 我國의 歷史, 國土가 우수한 국민성을 육성시키는 理致임을 알게 하고 我國文化의 特質을 明白하게 하여 그것의 創造와 發展에 힘쓰는 정신을 양성할 것. 타 교과와 서로 연결하여 정치, 경제, 국방, 해양 등에 관한 사항의 敎授에 유의 할 것."[1]

---

1) <國民學校規正> 제3조, 1941.3.31

이 시기 개정 발간된 ⑥『初等地理』卷一・二(1943-43)는 교과서의 전면 개편과정 중에 소폭 개정한 임시방편의 교과서로, 종전의 방식을 유지하는 가운데 이러한 취지와 국세의 변화사항을 반영하고 있어 과도기적 교과서라 할 수 있다.

태평양전쟁이 고조되고 전세가 점점 불리해짐에 따라 모든 교육제도와 교육과정의 전시체제 강화를 절감하고 <4차 교육령>을 공포되기에 이른다. 그 취지는 말할 것도 없이 '전시적응을 위한 국민연성(國民練成)'이었으며, 당시 총독 고이소 구니아키가 밝혔듯이 "國家의 決戰體制下에서 특히 徵兵制 及 義務教育制度를 앞두고 劃期的인 刷新을 도모할 必要"[2]에 의한 것이었다.

조선아동의 전시적응을 위해 전면 개편된 ⑦『初等地理』五・六學年用(1955)의 획기적인 변화로 꼽을 수 있는 것은 첫째, 구성면에서 지리구를 도쿄(東京)를 출발하는 간선철도에 따른 대(帶) 즉, 존(Zone)으로 구분한 점. 둘째, 내용기술면에서는 각각의 지역성과 지방색에 따른 테마를 항목으로 선정하여 기술한 점. 셋째, 표기와 표현 면에서는 대화와 동작을 유도하는 기술방식을 취한 점 등을 들 수 있겠다.

학습해야 할 분량과 가격의 변화도 간과할 수 없다. 먼저 분량을 살펴보면, 1932~33년 『初等地理書』가 324면(卷一134/卷二190)이었던 것이 1937년 『初等地理』는 339면(143/196)으로, 1940년 『初等地理』에 이르면 377면(158/219)으로 <3차 교육령>이 반영된 교과서까지는 개정 때마다 증가추세를 보여주고 있다. 이는 급변하는 세계정세에 따른 필수적 사항을 추가 반영하였던 까닭에 증가일로를 드러내고 있었던 것이다. 그러나 일정한

2) 朝鮮總督府(1943)「官報」 제4852호(1943.4.7)

시수에 비해 갈수록 증가하는 학습 분량은 교사나 아동에게 상당한 부담이 되어 오히려 식민지 교육정책을 역행하는 결과를 초래하기까지 하였다. 더욱이 <국민학교령>(1941) 이후 시간당 수업시한이 40분으로 감축[3]된데다, 그나마 전시총동원 체제에 따른 물자부족이나 5, 6학년 아동의 학습 외의 필수적 활동 등을 고려하여 학습 분량을 대폭 축소하지 않으면 안 될 상황이 되었다. 1942~43년 발간 『初等地理』가 303면(151/152)으로 급격히 줄어든 까닭이 여기에 있다 하겠다. 교과서의 가격은 시기에 따라 소폭의 상승세로 나아가다가 1944년 발간된 『初等地理』五・六學年用에서 교과서 분량에 비해 대폭 인상된 면을 드러내고 있다. 이는 태평양전쟁 막바지로 갈수록 심화되는 물자부족에 가장 큰 원인이 있었을 것으로 보인다.

이어서 본 과목의 주당 교수시수이다.

<표 3> 각 교육령 시기별 주당 교수시수

시기 과목＼학년	제2차 조선교육령		제3차 조선교육령		<국민학교령> 과 제4차 조선교육령		
	5학년	6학년	6학년	6학년	4학년	5학년	6학년
지리	**2**	**2**	**2**	**2**	**1**	**2**	**2**
역사	2	2	2	2	1	2	2

앞서 언급하였듯이 식민지초등교육과정에서 <地理>과목은 <歷史>과와 더불어 1920년대 이후 공히 2시간씩 배정 시행되

3) <소학교령>시기까지 초등학교의 시간당 수업시한은 45분이었는데, <국민학교령>시기에 이르러 40분으로 단축되었다. <地理>과목이 5, 6학년과정에 주당 2시간씩 배정되었음을 반영한다면, 주당 10분, 월 40~45분이 감소하며, 1년간 총 수업일수를 40주로 본다면 연간 400분(약 10시간정도)이 감소한 셈이다.

었다. 여기서 <4차 교육령>시기 4학년 과정에 별도의 교과서도 없이 <地理> <歷史> 공히 수업시수가 1시간씩 배정되어 있음을 주목할 필요가 있을 것이다. 이는 당시 조선총독 고이소 구니아키(小磯國昭)의 교육령 개정의 중점이 "人才의 國家的 急需에 응하기 위한 受業年限 단축"[4]에 있었기 때문일 것이다. 그것이 <교육에 관한 전시비상조치령>(1943) 이후 각종 요강 및 규칙[5]을 연달아 발포하여 초등학생의 결전태세를 강화하는 조치로 이어졌으며, 마침내 학교수업을 1년간 정지시키고 학도대에 편입시키기는 등의 현상으로도 나타났다. 4학년 과정에 <地理>과의 수업시수를 배정하여 필수적 사항만을 습득하게 한 것은 이러한 까닭으로 여겨진다.

3. 본서의 편제 및 특징

일제강점기 조선아동을 위한 <地理>교과목은 1920년대 초 학제개편 이후부터 개설된 이래, 시세에 따른 교육법령과 이의 시행규칙에 따라 <地理>교과서가 '부분개정' 혹은 '전면개편'되었음은 앞서 <표 2>에서 살핀바와 같다. 그 중 ③『初等地理書』

---

4) 朝鮮總督府(1943)「官報」제4852호(1943.4.7)

5) <전시학도 체육훈련 실시요강>(1943.4), <학도전시동원체제확립요강>(1943.6), <해군특별지원병령>(1943.7), <교육에 관한 전시비상조치방책>(1943.10), <학도군사교육요강 및 학도동원 비상조치요강>(1944.3), <학도동원체제정비에 관한 훈령>(1944.4), <학도동원본부규정>(1944.4), <학도근로령>(1944.8), <학도근로령시행규칙>(1944.10), <긴급학도근로동원방책요강>(1945.1), <학도군사교육강화요강>(1945.2), <결전비상조치요강에 근거한 학도동원실시요강>(1945.3), <결전교육조치요강>(1945. 3) 등

卷一・二(1932-33, 2권), ⑦『初等地理』 第五・六學年(1944) 4冊을 번역한 까닭은 ③이 조선아동의 본격적인 <地理>교육을 위한 처음 교과서였다는 점에서, 그리고 ⑦은 <태평양전쟁>기에 발호된 <국민학교령>과 <4차 교육령>에 의하여 전면 개편된 교과서였다는 점에서 의미를 둔 까닭이다.

<표 4> 조선총독부 편찬 『初等學校 地理』의 편제

No	교과서명	권(학년)	간행년	출 판 서 명
③	初等地理書	卷一 (5학년용)	1932	조선총독부 편찬 초등학교 <地理>교과서 번역(上)
		卷二 (6학년용)	1933	
⑦	初等地理	第五學年 (1944)	1944	조선총독부 편찬 초등학교 <地理>교과서 번역(下)
		第六學年 (1944)	1944	

끝으로 본서 발간의 의미와 특징을 간략하게 정리해 본다.

(1) 본서의 발간은 그동안 한국근대사 및 한국근대교육사에서 배제되어 온 일제강점기 초등학교 교과서 복원작업의 일환에서 진행된 또 하나의 성과이다.
(2) 일제강점기 식민지 아동용 <地理>교과서를 일일이 찾아내고, 가장 큰 변화의 선상에 있는 <地理>교과서를 변역 출간함으로써 일제에 의한 한국 <地理>교육의 실상을 누구나 쉽게 찾아볼 수 있게 하였다.
(3) 본서는 <地理>교과서의 특성상 삽화, 그래프, 사진 등등 각종 이미지자료의 복원에도 심혈을 기울였다. 오래되어 구분이 어려운 수많은 이미지자료를 최대한 알아보기 쉽게 복원하였을 뿐만 아니라, 원문내용을 고려하여 최대한 삽화의 배치에도 심혈을 기울였다.
(4) 본서는 일제강점기 식민지 <地理>교과서의 흐름과 변용 과

정을 파악함으로써, 일제에 의해 기획되고 추진되었던 근대 한국 공교육의 실태와 지배국 중심적 논리에 대한 실증적인 자료로 제시할 수 있도록 하였다.

(5) 본서는 <地理>교과서에 수록된 내용을 통하여 한국 근대초기 교육의 실상은 물론, 단절과 왜곡을 거듭하였던 한국근대사의 일부를 재정립할 수 있는 계기를 마련하고, 관련연구에 대한 이정표를 제시함으로써 다각적인 학제적 접근을 용이하게 하였다.

(6) 본서는 그간 한국사회가 지녀왔던 문화적 한계의 극복과, 나아가 한국학 연구의 지평을 넓히는데 일조할 것이며, 일제강점기 한국 초등교육의 거세된 정체성을 재건하는 자료로서 의미가 있을 것이다.

본서는 개화기 통감부기 일제강점기로 이어지는 한국역사의 흐름 속에서 한국 근대교육의 실체는 물론이려니와, 일제에 의해 왜곡된 갖가지 논리에 대응하는 실증적인 자료를 번역 출간함으로써 모든 한국인이 일제강점기 왜곡된 교육의 실체를 파악할 수 있음은 물론, 관련연구자들에게는 연구의 기반을 구축하였다고 자부하는 바이다.

이로써 그간 단절과 왜곡을 거듭하였던 한국근대사의 일부를 복원・재정립할 수 있는 논증적 자료로서의 가치창출과, 일제에 의해 강제된 근대 한국 초등학교 <地理>교육에 대한 실상을 재조명할 수 있음은 물론, 한국학의 지평을 확장하는데 크게 기여할 수 있으리라고 본다.

2018년 2월

전남대학교 일어일문학과 김순전

〈범 례〉

1. 본서의 번역은 원문의 세로쓰기를 90도 회전하여 가로쓰기하였다.

2. 지명의 표기는 '일제강점기'라는 시대적 상황을 고려하여 당시의 표기법에 따르기로 한다.
   ex) 日本海 → 일본해, 內地 → 내지 등.

3. 지명의 표기는 표기상 발음과 한국어발음과의 관계를 고려하여 다음과 같이 표기하기로 한다.
   ex) 關東平野 → 간토(關東)평야, 四國山脈 → 시코쿠(四國)산맥,
   隅田川 → 스미다가와(隅田川), 利根川 → 도네가와(利根川),
   富士山→ 후지산(富士山), 畝傍山 → 우네비야마(畝傍山) 등.

4. 외국 지명의 표기는, 독자의 이해를 돕기 위해 가장 보편적으로 통용되고 있는 지명으로 표기하였다.

조선총독부편찬(1944)

『초등지리』

(제5학년)

初等地理

第五學年

朝鮮總督府

〈목차〉

1. 일본지도

일본지도를 펼쳐보세요.

먼저 우리들이 살고 있는 곳이 어느 부근에 있는지를 조사해봅시다. 그리고 그곳이 일본전체에서 보면 북쪽에 있는지, 서쪽에 있는지, 또 한가운데 지점에 있는지 등에 주의해봅시다. 그러면, 저절로 일본전체의 모양이 어떤 형태로 되어 있는지 분명해 지겠지요.

태평양 위의 북동쪽에서 남서쪽에 걸쳐 길게 연결되어 있는 섬들이 일본열도로, 그 안에는 큰 섬과 작은 섬이 늘어서 있습니다. 큰 섬으로는 어떤 섬이 있는지, 또 그 중에서도 가장 큰 섬은 어느 섬인지를 조사해봅시다. 가장 큰 섬은 혼슈(本州)이며, 그것이 일본열도의 정중앙에 위치하고 있다는 것을 알 수 있겠지요. 혼슈의 북쪽에는 홋카이도(北海道)본도가 있고, 혼슈의 서쪽으로 시코쿠(四國)와 규슈(九州)가 있습니다. 또 홋카이도본도에서 북동쪽으로 향하면 지시마(千島)열도가 있고 규슈와 타이완(臺灣) 사이에는 류큐(琉球)열도가 있습니다.

북쪽의 지시마열도, 중앙의 혼슈, 남쪽의 류큐열도가 각각 태평양으로 향하여 활 모양으로 뻗어있는 모습은, 일본열도 전체를 힘껏 조이고 있는 형태로, 이러한 모습에서 우리들은 뭔가 강한 힘이 담겨있는 듯한 것을 느낍니다.

아무리 보아도 일본열도는 평범한 모양은 아닙니다. 아시아 대륙의 전면에 서서 태평양을 향해 용감하게 나아가는 모습이 상상되는 것과 동시에, 또 태평양을 마주하고 대륙을 지키는 역할을 하고 있는 것 같게도 생각됩니다.

다음으로 일본열도와 아시아대륙 사이에 있는 바다와 해협을 조사해봅시다.

오호츠크해와 일본해의 경계에 있는 사할린(樺太)은 마미야(間宮)해협을 사이에 두고 시베리아에 가깝고, 지시마열도의 북단은 지시마해협을 따라 캄차카반도와 마주하고 있습니다.

일본해와 동중국해 사이에 있는 조선반도는 만주와 육지로 연결되어 마치 일본본토와 대륙 사이에 걸쳐있는 다리처럼, 옛날부터 우리나라와 대륙을 잇는 중요한 통로가 되고 있습니다. 따라서 반도의 남쪽에 있는 조선해협은 우리 일본과 대륙과의 연결에 있어 대단히 중요합니다.

조선반도 서쪽 황해에 면해 있는 중국 관동주(關東州) 또한 대륙으로의 하나의 입구입니다.

타이완은 타이완해협을 사이에 두고 중국과 가까운 곳에 있습니다. 이 해협은 일본에서 남양(南洋)이나 유럽 등으로 가는 배가 다니는 통로로 중요한 곳인데, 이곳을 지나가면 남중국해로, 이 바다에 신남군도(新南群島, 혹은 난사군도(南沙群島)라 함)가 있습니다.

이들 바다와 해협은 일본열도 중에서, 큰 섬들 사이에 있는 해협과 더불어 교통과 국방에 대단히 중요하다는 점에 주의하지 않으면 안 됩니다.

우리 국토가 대륙에 가까운 위치에 있다는 것은, 우리나라와 대륙과의 모든 관계를 생각할 때 대단히 의미 있는 일입니다. 역사가 말해주듯이 예로부터 우리나라는 교통이나 문화에 있어서 대륙과 깊은 관계를 지니고 있었으며, 또한 앞으로 우리 국민이 점차 대륙의 여러 지역으로 발전하기에 적합한 입장에 있는 것입니다.

만약 우리 국토가 멀리 떨어져 있는 외딴섬이었다면, 필시 대륙과 이렇게 깊은 관계는 맺어지지 않았겠지요. 이렇게 오랜 연고가 있는 동아시아의 대륙은, 이젠 우리들 앞에 새로운 활동의 세상으로 열려지게 된 것입니다.

그러므로 이어서 일본을 중심으로 한 넓은 대동아 지도를 펼쳐봅시다.

일본열도의 바깥쪽은 세계에서 제일 큰 바다인 태평양입니다. 혼슈의 중앙에서 남쪽 방향으로 이즈7도(伊豆七島)와 오가사와라(小笠原)군도가 연결되어 있고, 멀리 우리 남양군도로 이어지고 있습니다. 이 군도(群島)는 수많은 작은 섬들이 자갈을 뿌려놓은 듯 서태평양 위에 흩어져 있습니다. 아주 작은 섬들이긴 하지만, 넓은 바다에 흩어져 있어서 우리나라의 해상방위차원에서 볼 때 대단히 중요한 곳입니다.

우리 남양군도의 서쪽에서 남쪽에 걸쳐 적도를 중심으로 루손, 민다나오, 보르네오, 수마트라, 자바, 셀레베스, 파푸아 등을 비롯하여 크고 작은 여러 섬 한 무리가 있습니다. 모두 열대섬으로, 보르네오와 파푸아는 일본전체보다도 큰 섬입니다.

태평양전쟁이 일어나고, 이들 열대지역 섬들의 대부분은 인도차이나반도의 말레이나 버마 등과 함께 우리 황군(皇軍)의 점령지가 되었습니다. 버마에 이어서 인도가 있어, 황군의 활약은 서쪽으로 뻗어 나가서 인도양으로 확장되고, 남쪽으로 내려가서 호주에 미치고 있습니다.

호주(濠州)의 동쪽에는 남태평양의 넓은 바다에 걸쳐 많은 섬들이 흩어져 있습니다. 뉴질랜드처럼 큰 섬도 있습니다만, 대개는 작은 섬들로, 미국에서 호주에 이르는 길목에 있습니다. 적도의 북쪽에 하와이제도가 있는데, 그것은 태평양의 거의 한가운데로, 교통으로나 군사상 빼어난 위치를 차지하고 있습니다.

태평양을 동쪽으로 넘어가면, 북미와 남미의 두 대륙이 세로로 늘어서서 태평양과 대서양을 사이에 두고 있습니다. 이 두 대양을 잇는 통로로서 파나마운하는 대단히 중요한 역할을 하고 있습니다.

우리들은 일본을 중심으로, 태평양의 여러 지방을 한 바퀴 지도를 따라 둘러보았습니다. 그 중 아메리카대륙을 제외한 다른 지역은 대개 오늘날 대동아로 불리는 지역 안에 포함되어 있습니다.

대동아가 얼마나 넓은지, 또 일본에서 볼 때 어떤 형태로 전개되어 있는지를 주의하여 봅시다.

그리고 다시 한 번 우리 국토의 모습을 주목해 봅시다.

그 옛날 신대로부터 바다의 혼(魂)에 의해 길러지고, 또 대륙에 근접한 까닭에, 그 모든 문화를 받아들여 왔던 우리나라는 바다로 육지로 확장해가는 사명을 완수하는데 적합한 위치를 차지하고, 그 모양도 쭉쭉 사방을 향해 손발을 뻗어 나아가는 듯한 모습을 드러내고 있습니다.

이렇듯 위치나 모습에서, 더할 나위 없는 국토를 지닌 우리 일본은 진실로 신이 만들어주신 나라인 것을 절절히 느끼고 있습니다.

우리나라의 면적은 약 68만 평방킬로미터이며, 여기에 1억의 인구가 살고 있습니다. 면적에 비해 인구가 많은 것이나, 인구의 증가비율이 높은 것은, 세계에서도 드문 일이며, 이 점에서도 우리들은 국력이 넘쳐나고 있는 것을 알 수 있어 마음이 든든하기 그지없습니다.

2. 아름다운 국토

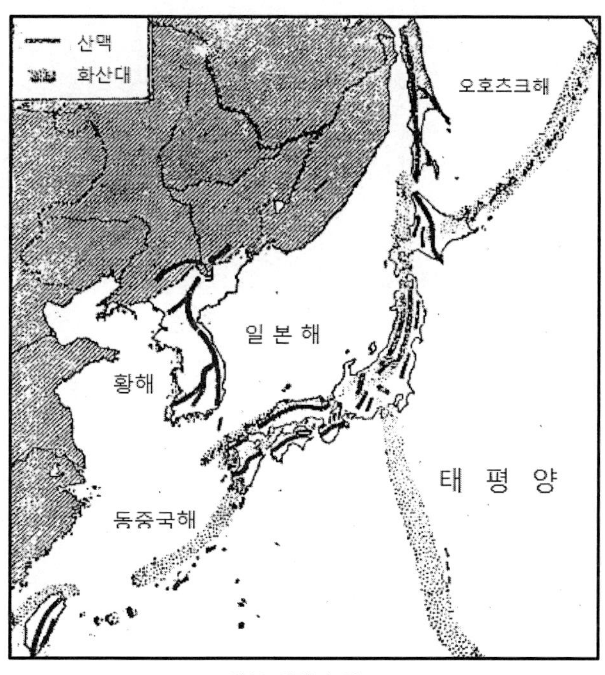

일본 산맥의 약도

우리국토의 주된 곳은 일본열도와 조선반도입니다. 어느 쪽도 길이는 길지만 폭이 좁고, 게다가 척추와도 같은 산맥이 관통하고 있어, 일반적으로 산지가 발달되어 있습니다.

일본열도에서는, 혼슈의 중앙부근이 가장 폭이 넓습니다만, 여기에는 혼슈를 달리고 있는 많은 산맥이 북쪽에서도 남쪽에서도 모여 있기 때문에 토지가 상당히 높아져 있습니다.

조선반도에서는 북부와 동부에 높은 산지가 치우쳐 있습니다.

금강산

일본열도에는 이 척추와도 같은 산맥을 따라 화산대가 있는데, 북쪽은 지시마(千島)에서 남쪽으로 타이완까지 이어져 있습니다만, 또 별도로 혼슈의 중앙에서 이즈7도(伊豆七島)와 오가사와라(小笠原)군도로 이어지는 화산대도 있어서, 도처에 화산이 솟아있습니다.

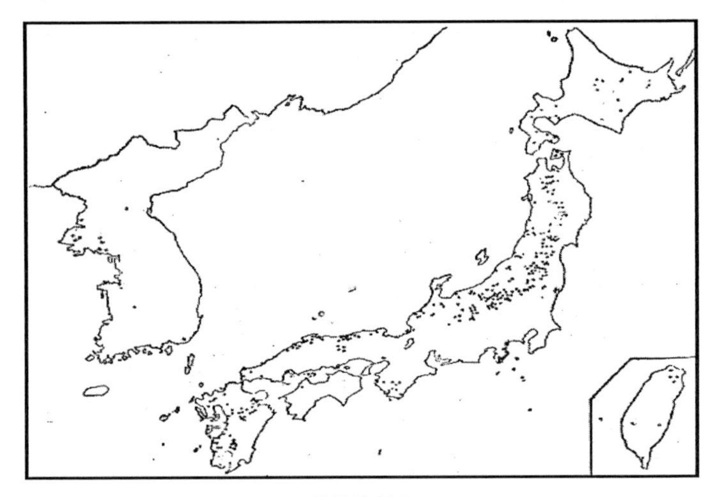
온천의 분포

위가 뾰족하고 산기슭이 완만한 들판을 이끄는 화산의 모습은 일본각지의 경치를 아름답게 돋보이게 합니다. 후지는 그 대표적인 산입니다.

또한 화산 가운데는 끊임없이 연기를 내뿜고 있는 것도 적지 않습니다.

우리나라는 세계에서도 이름난 화산국으로, 화산과 더불어 온천도 많이 있고, 또한 지진도 많은 나라입니다.

우리나라의 주요한 강들은 척추인 산맥을 경계로 하여 태평양, 일본해, 황해, 동중국해 등으로 흘러갑니다.

강

산지가 많기 때문에 어느 강이나 대개 물의 흐름이 빨라서, 강 상류나 중류에는 푸르른 나무가 우거진 골짜기 사이를 깨끗한 물이 힘차게 흐르고 있는 것이 보통입니다. 이 골짜기 사이에는 좁은 평지나 조금 넓은 분지가 있습니다.

강 하류에 이르면 양쪽으로 넓은 평야가 있습니다. 넓다고는 해도 만주나 중국 등에 있는 것처럼 큰 것은 아닙니다.

간토(關東)평야, 노비(濃尾)평야, 오사카(大坂)평야, 쓰쿠시(筑紫)평야, 이시카리(石狩)평야 및 조선과 타이완 서부에 있는 평야는 모두 다 상당히 넓은 평야입니다.

해안을 따라 폭이 좁은 평야도 각지에 있습니다만, 산이 바다에 직면해 있어 작은 배를 댈 만한 평지가 없는 해안도 많이 있습니다. 바다를 향해 깎아지른 듯한 바위산 자락에 작은 섬이 흩어져 있는 것과, 송림(松林)이 이어지는 모래해변에 파도가 부서지는 것은 일본 해안풍경의 특징이라 할 수 있겠지요.

해 안

해안선의 드나듦과 섬이 많기로는, 세계적으로도 유명하고, 그 중에서도 기타큐슈(北九州), 세토나이카이(瀨戶內海)연안 및 조선의 남서부 해안 등은 섬(島)과 만(灣)이 가장 많은 곳입니다. 또한 근해의 깊이에도 뚜렷한 특색이 있는데, 태평양 측은 대단히 깊습니다만, 내측의 일본해와 황해, 동중국해 등은 대체로 얕은 바다입니다.

이와 같이 우리 국토는 그 모양이 대단히 변화가 많고, 또한 경치가 아름다워서, 외국인이 우리나라에 오면, 일본은 마치 공원(公園)같다며 감탄합니다.

이 아름다운 우리국토의 대부분은 해류에 둘러싸여 있습니다. 태평양측으로는 남쪽에서 북으로 향하는 난류인 구로시오(黑潮)가 있고, 또 북쪽에서 남으로 향하는 한류인 오야시오(親潮)도 있습니다. 일본해 측에는 쓰시마해류와 북조선해류가 있는데, 각각 내지(內地)와 조선의 연안을 씻어주고 있습니다. 이렇게 많은 갖가지 해류로 둘러싸여 있는 것도 세계에 유례없는 우리국토만의 특색으로, 이것이 기후와 산업 등에 미치는 영향은 큽니다.

우리나라는 남북의 길이가 5,000킬로미터나 되고, 동시에 지형은 복잡하고, 게다가 대륙이나 해양의 영향도 크기 때문에 기후 변화가 많고, 또 곳에 따라 크게 다릅니다만, 대부분이 온대에 속한데다 주위에 바다를 둘러싸고 있어서 대체로 온화합니다.

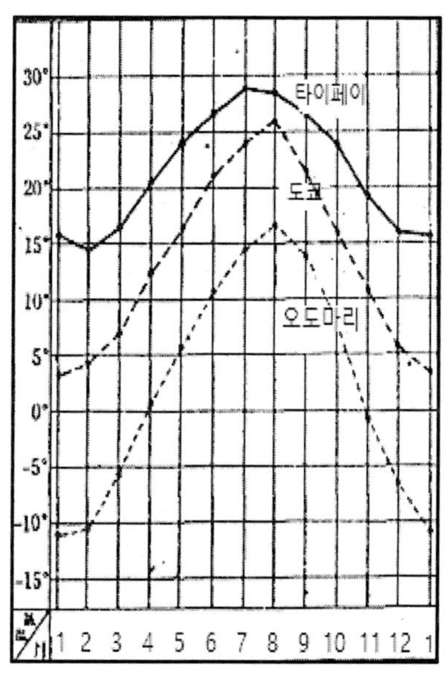

도쿄 · 타이페이 · 오도마리의 기온표

홋카이도, 사할린 및 북부조선 등은, 겨울추위가 심한 반면, 타이완과 남양군도 등은 연중 기온이 높습니다만, 그 밖의 지방은 더위나 추위도 그다지 심하지 않고, 특히 우리나라의 중심지대인 혼슈, 시코쿠, 규슈 등은 가장 혜택받은 곳입니다.

그러나 우리나라는 태평양과 대륙의 중간에 있어서, 여름에는 남동계절풍, 겨울에는 북서계절풍이 불기 때문에, 여름과 겨울의 온도차가 상당하고, 또한 비가 많은 계절과 비가 적은 계절로 나뉘어 있습니다.

제설차의 활동

혼슈의 일본해연안의 겨울은, 바다 쪽에서 불어오는 북서계절풍 때문에 눈이 많이 내려서 들도 산도 많은 눈에 덮여, 교통에도 매우 어려움이 있는 곳이 있습니다. 이 점이 태평양연안과는 현저하게 다른 점입니다만, 이것은 주로 태평양측과 일본해측을 나누는 등선인 산맥이 북서풍이 운반하는 습기를 막는 역할을 하고 있기 때문입니다. 혼슈, 시코쿠, 규슈 남부나 조선지방 등이 여름에 특히 비가 많은 것은, 남동계절풍이 바다위에서 습기를 불어 보내주기 때문입니다.

산으로 둘러싸인 세토나이카이연안은 북쪽 주코쿠(中國)산맥과 남쪽 시코쿠(四國)산맥에 의해 일본해나 태평양 쪽에서 오는 습기가 가로막혀있어서 비가 적고 맑은 날이 계속됩니다.

이렇게 기후는 곳에 따라 각각 특색이 있습니다만, 대체로 사람들의 활동에 적합한 좋은 기후입니다.

이 온화한 기후는 아름다운 지형과 뛰어난 위치와 서로 맞물려, 진정 어머니와도 같은 사랑을 지니고 국민을 품어주고 있습니다. 더욱이 때로는 화산이 폭발하거나, 지진이 있거나, 또 가뭄과 홍수, 입춘으로부터 210일 경의 태풍 등도 있습니다만, 이것들은 국민에 대한 좋은 자극이 되어 국민에게 긴장감을 주는 것으로, 말하자면 자애로운 어머니의 사랑에 빠져들려고 할 때 가해지는 아버지의 엄한 훈계입니다.

우리국민은 이 국토의 사랑과 훈계 사이에서 3000년간의 생활을 지속해왔습니다. 그리고 이 국민을 품고 길러온 아름다운 국토에 대하여, 끊임없이 감사의 마음을 바쳐왔습니다. 우리나라를 우라야스노쿠니(浦安の國)라 하거나, 야마토노쿠니(大和の國)라 일컫는 것은 이러한 하나의 현상이겠지요.

3. 제국 수도 도쿄(東京)

혼슈(本州)가 북동쪽에서 남서쪽으로 돌아 태평양을 향하여 가장 돌출되어 있는 곳, 일본열도 전체로 보아 정확히 한가운데에 해당되는 곳에, 제국의 수도 도쿄가 있습니다.

지도를 펼치고 잘 보세요.

도쿄는 일본전체의 선두에 서서 씩씩하게 태평양으로 나아가려 하고 있는 모양으로 보이지 않습니까? 즉 도쿄는 우리나라를 통솔하기에 가장 좋은 곳에 위치하고 있다고 할 수 있습니다.

궁 성

또한 도쿄는, 앞에는 파도가 잔잔한 도쿄만이 있고, 뒤에는 우리나라에서 가장 넓은 간토(關東)평야를 끼고 있어서, 바다와 육지의 교통도 대단히 편리합니다.

간토평야는 북쪽과 서쪽은 산을 등지고 있으며, 남쪽과 동쪽은 바다를 향하고 있습니다. 이렇게 북쪽에서 서쪽으로 이어져 솟아있는 높은 산들은 겨울에 일본해 방면에서 오는 습기를 막아주는 역할을 하고 있습니다. 그래서 산지의 북쪽은 겨울동안 눈이 많이 쌓이는데도, 등을 맞대고 있는 간토평야는 눈이 거의 내리지 않습니다. 도쿄에서 조에쓰(上越)선을 타고 니가타(新潟) 방면으로 겨울에 여행하는 사람은 시미즈(淸水)터널 부근을 경계로 남과 북의 기후가 완전히 다르다는 것에 깜짝 놀랍니다. 게다가 남쪽과 동쪽의 바다는 해안 가까이 구로시오(黑潮)가 흐르고 있어서 이 평야의 기후를 한층 따뜻하게 합니다.

사가미(相模)만과 보소(房總)반도 등의 해안지방에는, 겨울에도 야외에 아름답게 피어있는 화초를 볼 수 있습니다. 또한 부근에는 휴양이나 보건을 위해 사람들이 모여들기 때문에 발달한 마을도 적지 않습니다. 그러나 산지를 넘어오는 겨울의 북서풍은, 평야 쪽으로 강하게 불어 내려옵니다. 이것이 유명한 간토(關東)의 강바람(空風, 겨울철에 습기나 눈비를 동반하지 않고 심하게 부는 북풍)입니다.

겨울은 날씨가 좋고, 여름은 남동풍이 습기를 몰고 와서 비가 많기 때문에 간토평야는 농업이 왕성하며, 교통이 편리한 점에 힘입어 갖가지 산업이 발달되어 있습니다. 번영해가는 제국의 수도 주변에 이러한 넓은 평야를 끼고 있는 것은 참으로 의미 있는 것입니다.

도쿄를 중심으로 철도와 전차가 평야의 사방으로 연장되고, 또 그 선(線)을 연결하는 선로가 있어서, 마치 거미집을 둘러쳐 놓은 것처럼 되어 있습니다만, 이를 보더라도 도쿄와 간토 평야가 얼마나 깊은 관계인지를 알 수 있겠지요.

도쿄는 이처럼 빼어난 위치에 있고, 이같이 지형과 기후에도 혜택을 받고 있습니다. 메이지 초기에 수도가 교토(京都)에서 도쿄(東京)로 옮겨진 것도 실로 까닭이 있습니다. 그 후, 도쿄는 우리 국력과 함께 눈부시게 발전하여 지금은 인구 700만을 넘어, 우리 제국의 수도로서, 또 대동아 아니 세계의 중심으로서, 현재와 같이 훌륭한 모습을 갖추어 온 것입니다.

도쿄와 그 부근 도쿄의 주요부는, 도쿄만(灣)으로 흘러드는 아라카와(荒川) 하류의 저지대에서 무사시노(武藏野) 대지(臺地)에 걸쳐 펼쳐져 있어서 저지대에 있는 시타마치(下町)와, 높은 평지에 있는 야마노테(山手)로 크게 구분됩니다.

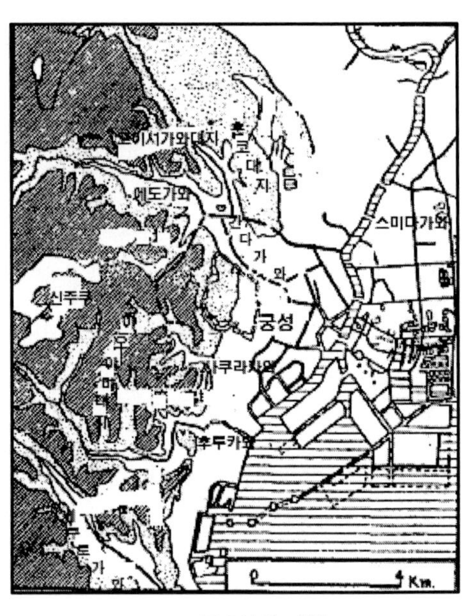

도쿄 주요부의 지형

궁성(宮城)은 도시의 중심부에 있습니다. 인근 구단자카(九段坂) 위에는 야스쿠니(靖國)신사가 있고, 또 메이지신궁은 훨씬 서쪽에 있습니다. 그 나무숲이 우거진 신사경내(神域)는 시가지와는 비교할 수 없을 정도로 조용합니다.

메이지(明治)신궁

궁성 부근에 있는 의사당과 관청과 도쿄역 그밖에 은행과 회사 등 큰 건물이 모여 있습니다. 그 동쪽에 있는 시타마치는 번화한 상점가이며, 야마노테 방면은 주로 주택지를 이루며 발전하고 있습니다. 아라가와 하류를 스미다가와(隅田川)라 하며, 그 연안에서 도쿄만으로 이어지는 매립지에 걸쳐서는 큰 공장이나 창고가 늘어선 공업지대가 있습니다. 이 지대는 더욱 남쪽으로 뻗어 가와사키(川崎), 요코하마(横濱)로 이어져, 게이힌(京濱)공업지대를 이루고 있습니다.

굴뚝연기, 기계소리가 끊이지 않는 게이힌공업지대야말로 우리나라 공업의 일대 중심이며, 그 발전은 참으로 눈부신 것입니다. 이 공업 발전에 부응하여, 도쿄항은 항만설비를 정비하고, 요코하마항과 함께 게이힌항의 일부로서, 무역을 위해 새롭게 개발되게 되었습니다. 도쿄항과 요코하마항을 연결하는 게이힌운하도 곧 개통하겠지요. 스미다가와를 중심으로 하는 시타마치 방면에는 강과 수로와 운하가 도처에 있어서, 화물을 운반하는 데 편리합니다.

도쿄에는 여러 학교가 있고, 또 큰 박물관과 도서관이 있어서, 우리나라 학문의 중심지로서 우리나라에서 도서출판이 제일 활발합니다.

도쿄(東京) 시가지

도쿄는 원래 에도(江戶)라 하는, 도쿠가와가문(德川氏)의 막부가 있어서 번창했던 곳이었으므로, 그 무렵부터 이미 육상교통도 발달하여, 주요 가도가 사방으로 통해 있었습니다.

오늘날에는 도카이도(東海道)본선을 비롯하여, 주오(中央)본선, 도호쿠(東北)본선, 조반(常磐)선 등, 우리나라 주요철도의 기점이 되어 있습니다. 게다가 교외로 나가는 전차 교통편이 좋아서, 따라서 주변 도시들은 도쿄와 끊을래야 끊을 수 없는 관계를 지니며 나날이 발전해가고 있습니다.

도쿄는 또한 우리나라의 항공로의 중심으로, 다마가와(多摩川) 어귀에 있는 하네다(羽田)비행장을 기점으로 만주와 중국과 남방 여러 지방으로 정기항공로가 개설되어 있습니다.

요코하마는 고베, 오사카와 함께 우리나라 3대 무역항의 하나로, 항구의 설비가 잘 정비되어 있어 태평양과 인도양을 왕래하는 큰 기선이 자유롭게 출입하고 있습니다. 도쿄에 가깝고 그 구간의 교통이 편리하기 때문에 이른바 도쿄의 항구로서 이용되었던 점이 요코하마 항이 크게 발전하는 기반이 된 것입니다. 메이지시대가 되기 얼마전, 외국무역을 위해 개항되기까지는, 보잘 것 없는 적막한 어촌이었는데, 지금은 인구 약 100만의 대도시가 되었습니다.

요코하마(橫濱)항

요코하마에는 수상비행장이 있어서, 우리 남양군도와 그 외의 지역으로 가는 항공로가 연결되어 있습니다.

도쿄와 요코하마 사이는 거의 도시로 이어져 있습니다만, 도쿄에서 동쪽, 지바(千葉) 부근에 걸친 도쿄만(東京灣)연안도 교통이 편리해짐에 따라 도시가 발달하고, 요즈음 공업이 번창하고 있습니다.

도쿄의 서쪽, 주오본선을 따라 위치한 아사카와(淺川)에는 다이쇼(大正)천황의 황릉이 있습니다.

미우라(三浦)반도의 동쪽 해안에 있는 요코스카(橫須賀)는 이름난 군항입니다. 도쿄만의 입구를 장악하고, 도쿄 방비에 중요한 위치를 차지하며, 도쿄와의 교통도 매우 편리합니다. 사가미(相模)만 해안의 가마쿠라(鎌倉)는 요충지로, 750년 전 가마쿠라막부가 개설되었던 곳으로, 이름난 신사와 사원이 있습니다.

간토평야와 도네가와(利根川) 간토평야는 우리나라 제일의 대평야입니다. 그러나 끝없이 논이 이어진 그런 평지는 아닙니다. 완만하게 기복이 있는 높은 평지가 도처에 있고, 그 사이를 흐르는 강 언저리에 논이 발달하고 있습니다. 아라가와(荒川)를 건너 동쪽 도네가와 연안에 이르면 점점 저지대가 넓어지고, 높은 평지는 띄엄띄엄 분리됩니다. 저지대에는 논이 발달하고, 높은 평지에는 밭이 이어집니다. 간토평야가 우리나라에서 보리를 가장 많이 생산하는 것도 이런 넓은 평야가 있기 때문이며, 또 고구마가 많이 나는 것도 그 때문입니다. 서쪽 산기슭에 가까워질수록 뽕밭이 많아지며, 그 뽕밭이 끝없이 이어집니다.

간토평야의 서쪽에서 북서부에 걸쳐있는 산록(山麓)지대에서는 곳곳에 양잠업이 행해지고, 이에 따라 제사업과 견직물업도 왕성합니다.

또한 평야의 북동부와 남서부에는 담배 재배가 행해지며, 우리나라에서도 주된 잎담배의 산지를 이루고 있습니다.

평야가 넓은 만큼 쌀도 많이 생산됩니다. 그러나 도쿄, 요코하마 같은 대도시를 비롯하여, 평야 곳곳에 도시가 있어서 우리나라에서도 가장 인구밀도가 높은 곳이기 때문에 이 지역의 쌀만으로는 충분하지 않습니다. 따라서 도쿄에는 다른 지방에서 많은 쌀이 유입됩니다.

도네가와는 간토평야의 중심부를 비스듬히 가로질러, 태평양으로 흐르는 큰 강입니다.

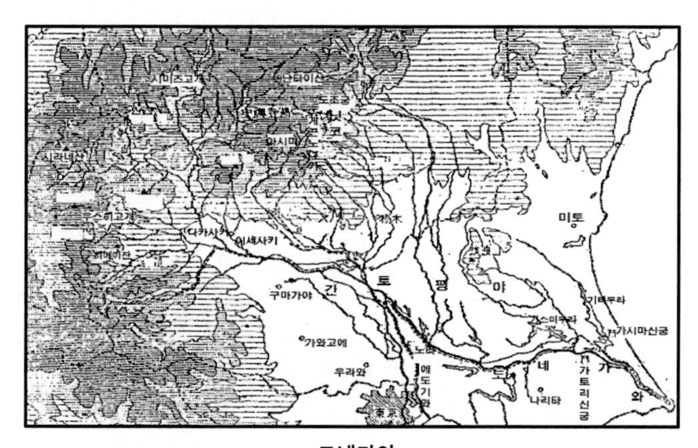

도네가와

길이로 치면 내지(內地)에도 조선에도 더 긴 강이 있습니다만, 많은 지류가 합류하여 넓은 평야를 완만하게 흐르고 있는 이 강에는 큰 강의 정취가 구비되어 있습니다. 이 강의 근원은 간토평야의 북쪽에 솟아 있는 산지의 깊은 골짜기입니다.

이 상류의 골짜기들을 거슬러 올라 산을 넘어가는 몇 개의 고갯길로는, 우스히(碓氷)고개와 시미즈(淸水)고개 같은 예로부터 이름난 고개가 있습니다. 급하게 경사진 구릉지를 오르기 때문에, 그곳으로 통하는 철도는 많은 터널이 있으며, 그 중에서도 조에쓰(上越)선의 시미즈(淸水)터널은 길이로는 우리나라에서 제일입니다. 또한 신에쓰(信越)본선이 우스히고개를 넘는 지점에는 아프트식(급경사용 톱니바퀴식)이라 하여 선로에 제동장치가 설치되어 있습니다.

게곤(華嚴)폭포

도네가와 상류의 산지에는 나스(那須)화산대가 지나고 있어서 수많은 화산이 있으며, 각지에 온천이 분출되고 있습니다. 아사마산(淺間山)은 종종 폭발을 하기 때문에, 화산으로도 유명합니다. 또한 이카호(伊香保)와 시오바라(塩原) 등은 잘 알려진 온천입니다.

난타이산(男體山) 기슭에 있는 닛코(日光)에는 게곤(華嚴)폭포와 주젠지(中禪寺)호수가 있어서 경치가 좋은데다 도쇼구(東照宮)라는 아름다운 신사 건축물(社殿)이 있어서 세계적으로 유명합니다. 인근의 아시오(足尾)에는 대형 광산이 있어서, 구리의 제련이 활발하게 행해지고 있습니다.

도네가와 상류는 본류도 지류도 바위에 부딪혀 소용돌이치는 급류인 까닭에 최상의 수력발전으로 이용되어, 그 전기는 주로 도쿄로 보내집니다. 이 강이 평야로 나오면 갑자기 수세가 완만해져서 넓은 강변을 조성하며 논이나 밭 사이를 천천히 흐릅니다.

하류로 갈수록 강폭은 넓어지고 수량은 풍부해져서 가스미가우라(霞ヶ浦)는 다른 호수와 수로가 이어지고, 크고 작은 운하가 연안저지대를 그물망처럼 엮고 있어, 그 주변 일대는 어디를 보아도 물 뿐입니다. 도처에 배가 이용되는 이 근처에서 배가 차(車)나 말(馬)의 역할을 하고 있는 까닭입니다.

도네가와(利根川) 하류

가스미가우라는 평야에 있는 큰 호수입니다만, 평야 가운데 있는 큰 호수는 우리나라에는 지극히 드문 경우로, 가스미가우라는 그야말로 도네가와에 어울리는 호수입니다.

도네가와 하류에는 무용(武勇)의 신으로 이름난 가시마(鹿島)신궁, 가토리(香取)신궁 등 엄숙한 사당이 있어서 국민에게 깊은 공경을 받고 있습니다.

4. 도쿄(東京)에서 고베(神戸)까지

도쿄(東京)에서 고베(神戸)로 가는 도카이도(東海道)본선은 우리나라 철도의 간선 중에서도 특히 많이 이용되어, 이른바 간선의 대표로도 보여집니다. 연선 곳곳에 산업이 왕성하고, 큰 도시가 발달하여, 인구도 우리나라에서 가장 밀도가 높은 곳입니다. 도카이도본선을 달리는 기차의 차창으로 지나가는 경치를 바라보며 그 아름다움을 즐기는 것과 더불어 산업, 교통, 도시 등의 모습에 대해서도 다양하게 배울 수 있습니다.

영봉 후지(富士) 도카이도본선을 따라 도쿄에서 고베로 가는 도중에 누구라도 제일 마음이 끌리는 것은 후지산이겠지요. 후지산은 꽤 멀리에서도 보이는 산으로, 보는 장소에 따라 각각 풍취가 있습니다만, 스루가(駿河)만연안에서는 산기슭 들판에서 정상까지 전체모습을 가까이서 우러러 볼 수 있습니다. 우리들은

후지산(富士山)

후지산을 바라보며 그저 아름다운 산이라는 느낌뿐만 아니라 뭐라 형언할 수 없는 기품을 느낍니다. 후지는 예로부터 영봉이라 불려왔습니다만, 우리 일본인의 마음을 가장 잘 드러내고 있다고 생각합니다.

후지에 가까운 하코네(箱根)도 유명한 화산으로, 더불어 후지화산대에 해당합니다. 하코네에는 화산에 수반된 갖가지 지형을 드러내며, 아름다운 경치의 변화를 선사합니다.

하코네(箱根)

하코네의 산지는, 남쪽으로 뻗어 이즈(伊豆)반도로 들어가 있어서 이 반도에는 각지에 화산이나 온천이 많이 있습니다. 이들 모두가 후지화산대로 통하고 있는 곳입니다.

후지화산대는 남쪽으로 더욱 뻗어 이즈7도(伊豆七島)와 지치지마(父島), 하하지마(母島) 등이 있는 오가사와라(小笠原)군도를 지나 우리 남양군도로 이어지고 있습니다.

이즈7도, 오가사와라군도는 모두 도쿄도에 속해 있습니다만, 우리 본토에서부터 남쪽 태평양 위에 길게 이어지는 섬들로, 군사상 매우 중요한 곳입니다. 또한 본토와 남양군도를 연결하는 교통으로도 대단히 중요한 곳이며, 지치지마(父島)의 후타미(二見)항은 이 방면에서 가장 좋은 항구입니다.

밀감산

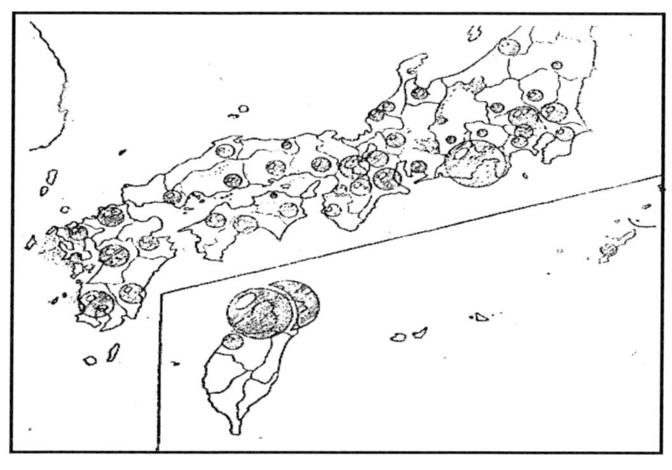

차밭의 분포

이즈반도 북부에서 하마나(濱名)호수 부근에 이르는 사이는 밀감과 차(茶)의 재배가 매우 왕성하여, 시즈오카(靜岡)현은 이것들의 주된 산지입니다.

스루가(駿河)만 연안에서 나고야(名古屋)에 이르는 사이에는 누마즈(沼津), 시미즈(淸水), 시즈오카(靜岡), 하마마쓰(濱松), 도요하시(豐橋), 오카자키(岡崎) 등 주요 도시가 있고, 그 도시 및 부근에는 갖가지 공업이 발흥하여 매우 활기를 띠고 있습니다. 이 지방은 동쪽으로 게이힌(京浜)과 서쪽 나고야의 2대 공업지의 정중앙에 해당되는데다 교통이 편리한 곳으로, 소위 양쪽 공업지로부터 뻗쳐온 손이 이 근처에서 서로 맞잡은 듯한 느낌이 듭니다.

노비(濃尾)평야와 이세(伊勢)바다 나고야 부근으로 펼쳐져 있는 넓은 평야가 노비평야로, 3면은 산지로 둘러싸였고, 남쪽은 이세바다에 임해 있습니다. 이 평야는 이세바다의 서해안에 있는 이세평야로 이어져 있습니다.

노비평야와 그 부근은 예부터 도카이도를 비롯한 많은 가도가 통하여, 지금도 도카이도본선, 주오본선, 간사이본선 등 주요 철도가 만나는 주요 교통로입니다. 또한 기후가 좋고 토지도 비옥해서 농업이 발달하여, 간토평야만큼 넓지는 않습니다만 중요한 평야입니다. 간토평야가 도쿄를 발달시켰던 것처럼 이 평야는 나고야라는 큰 도시를 낳았다고 할 수 있겠지요. 나고야가 원래 조카마치(城下町)로서 발달한 곳이었다는 점도 도쿄와 마찬가지입니다.

나고야는 이제 인구 130만, 도쿄와 오사카에 이어 우리나라 제3의 대도시로, 근래의 발전상은 실로 대단한 면이 있습니다. 특히 여러 가지 공업이 왕성한데, 기계기구공업, 화학공업, 도자기제조, 방직공업 등이 행해지며, 우리나라 1대 공업지대를 이루고 있습니다. 나고야시의 남부에는 구사나기노쓰루기(草薙の劍)를 모신 아쓰타(熱田)신궁이 있습니다. 세토(瀨戶)는 도자기 산지로 유명합니다.

이세평야에서도 욧카이치(四日市), 쓰(津), 마쓰자카(松坂)를 중심으로 근래 공업이 발달하여 노비평야 공업의 연장지역으로 볼 수 있습니다. 욧카이치항은 나고야항과 더불어 대기하고 있는 대공업지대의 제품을 수출하고, 또 그 원료를 수입하고 있습니다.

황대신궁(皇大神宮)

이세평야의 남쪽에 있는 우지야마다(宇治山田)는 신궁이 있는 곳으로, 사시사철 참배자가 끊이지 않습니다. 고목이 높이 우거진 가미지야마(神路山) 기슭, 물이 영원히 맑다는 이스즈가와(五十鈴川) 언저리에 있는 신사 경내의 성스러움은 글로도 말로도 다할 수 없습니다. 전국 방방곳곳에서 모여드는 참배객들로 이세길은 옛날부터 번잡하였습니다만, 지금은 철도편이 대단히 좋아졌습니다.

나고야에서 도카이도본선을 따라 나아가면, 이치노미야(一宮), 기후(岐阜), 오가키(大垣) 등 공업이 활발한 도시를 거쳐 호쿠리쿠(北陸)본선의 분기점인 마이바라(米原)에 다다릅니다. 기차는 여기서부터 대개 비와(琵琶)호 기슭을 따라, 오쓰(大津)를 지나 교토로 향합니다. 비와호는 우리나라에서 가장 큰 호수로, 어류 양식이나 어업이 행해지고 있는가 하면, 교통에도 크게 도움 되고 있습니다. 오쓰는 호상교통(湖上交通)의 중심지이며, 또 시가지의 안팎으로 인조견사를 제조하는 큰 공장이 있어, 우리나라에서도 그 주된 산지를 이루고 있습니다.

교토(京都)와 나라(奈良) 교토와 나라는 모두 한때 수도이었던 곳으로, 각각 교토분지 및 나라분지의 북쪽에 있으며, 근처의 오사카평야와 함께 일찍이 개화된 곳입니다. 그래서 인구도 크게 밀집되어 있고, 교통기관도 잘 정돈되어 있어, 세 지방의 왕래는 대단히 편리합니다.

교토는 1,000여년 긴 세월동안 제국의 수도로서 번영했던 곳이었던 까닭에, 곳곳에 명소와 유적이 있어서, 도시 전체가 역사기념물이라고도 일컬어질 정도입니다. 더욱이 교통의 일대

중심지로, 근대도시로서의 발전도 눈여겨볼 필요가 있으며, 이제는 인구가 110만을 헤아리는 우리나라 굴지의 대도시입니다. 도로가 바둑판처럼 정교하게 동서와 남북으로 통해 있는 것은, 수도가 조성될 때부터의 모습이 남아있기 때문입니다. 가모가와(賀茂川)는 도시 중심부를 북에서 남으로 흐르고 있습니다.

시내에는 교토 황궁을 비롯하여 헤이안(平安)신궁, 가미가모진자(上賀茂神社), 시모가모진자(下賀茂神社), 히가시혼간지(東本願寺), 니시혼간지(西本願寺), 지온인(知恩院), 기요미즈데라(淸水寺) 등 유명한 신사와 사찰이 많이 있습니다. 아름다운 신전이나 탑 뒤로 히가시야마(東山)처럼 둥글게 서로 겹쳐있는 산들을 바라보는 곳으로, 교토다운 차분한 아름다움과 그윽함이 느껴집니다.

헤이안(平安)신궁

북동쪽에 우뚝 솟아있는 히에이잔(比叡山)에는, 이름난 엔랴쿠지(延曆寺)가 있는데, 전망이 좋아서 산에 오르는 사람이 끊이지 않습니다.

각종 학교, 박물관 등이 있어서, 우리나라 학술의 대 중심지를 이루며, 또 예로부터 미술공예품의 제작으로 유명하여 견직물, 염색, 도자기 등 모두가 품질이 우수한 제품을 생산합니다.

시가지의 남부에 있는 모모야마(桃山)에는, 메이지(明治)천황과 쇼켄(昭憲)황태후의 능이 있습니다. 또 부근 일대는 유명한 우지차(宇治茶)의 산지입니다.

나라(奈良)는 수도가 교토로 천도되기 전, 70여 년 동안 제국의 수도였던 곳으로, 오래된 문화가 화려하게 꽃을 피웠던 곳이었기에, 도시 안팎으로 사적과 명승지를 찾아가면, 그 시절 번화했던 모습이 그립고 사무칩니다.

가스카(春日)신사

유명한 쇼소인(正倉院), 가스가(春日)신사, 도다이지(東大寺), 고후쿠지(興福寺) 등이 있어서, 교토와 더불어 전국에서 찾아오는 사람이 많습니다.

나라(奈良)의 남서부에 있는 호류지(法隆寺)는, 세계에서 가장 오래된 아름다운 목조건축물로, 많은 보물과 함께 1,300년 전 옛 문화의 소중한 기념물입니다.

호류지(法隆寺)

분지의 남부지방에는 오래된 황거의 유적과 황릉이 있어 각지에서 와서 참배되어지는데, 특히 우네비(畝傍)야마 기슭에 진무(神武)천황 황릉과 가시와라(橿原)신궁을 참배할 때, 우리들은 2,600여 년 이전의 옛날로 되돌아가, 진무 창업을 우러르며 그 거룩한 정신에 감동받는 것입니다.

오사카(大阪)와 고베(神戸) 오사카(大坂)평야의 중앙을 흘러 오사카만으로 흘러들어가는 요도가와(淀川)의 언저리에 발달한 오사카는 인구 330만으로, 우리나라 제2의 대도시입니다.

오사카는 예로부터 항구도시로서 번영했던 곳으로, 도시가 남동부의 높은 평지와 요도가와 연안의 저지대로 구분된 점은 도쿄와 비슷합니다. 다만 높은 평지부분은 도쿄의 야마노테에 비하면 훨씬 좁은데다, 이 부분은 오사카에서 오래된 장소로, 고즈노미야(高津宮), 시텐노지(四天王寺), 오사카(大阪)성과 그 밖의 유적이 있습니다. 저지대는 상공업지역으로, 그곳은 요도가와 하류가 빗살처럼 펼쳐져 있고, 그것들을 연결하는 수로가 곳곳으로 통해 있어, 도로와 물줄기가 그림자 형태로 맞붙어 있어, 수면과 육지면 어느 쪽이 넓은지 알 수 없을 정도입니다. 오사카를 '물의 도시'라 하고, '다리의 도시'라 부르는 것은, 참으로 이 도시의 모습을 잘 표현한 말입니다.

이 많은 수로는, 옛날부터 시내 교통에 큰 역할을 해 왔습니다. 지금도 화물운송이 활발하여 많은 화물선이 활동하고 있습니다.

지하철도

오사카는 도쿄와 더불어 가장 공업이 활발한 곳으로, 이른바 공업 일본의 동쪽과 서쪽을 대표하고 있으며, 또한 상업에 있어서도 마찬가지라 할 수 있습니다. 단지 오사카는 도시전체의 활동이 거의 상업과 공업에 집중되어 있다는 점에서, 도쿄와는 또 다른 정취가 있습니다.

오사카만연안 일대는 공업이 활발합니다. 즉, 오사카를 중심으로 아마가사키(尼崎), 니시노미야(西宮). 고베(神戶) 및 사카이(堺), 기시와다(岸和田) 등의 여러 도시가 이어져 있습니다. 이들은 한신(阪神)공업지대라 불리며, 크고 작은 각종 공장에서 피어오르는 연기는 하늘을 덮고 있습니다. 오사카 고베 두 항구는 이 공업지대의 문호를 이루는 항구로, 요코하마와 더불어 우리나라 3대 무역항을 이루고 있습니다.

고베(神戶)항

고베는 인구 약 100만으로, 요코하마와 어깨를 나란히 하는 큰 무역항입니다. 항구로서 오래된 역사를 지니고 있는 점은 요코하마와는 다른 점입니다만, 오늘날과 같이 크게 발전한 것은 오사카라는 큰 상공업도시를 배경으로 하고 있기 때문이며, 거기에 요코하마, 도쿄의 관계와 동일한 점이 있습니다. 자연지형을 이용하여 축항된 고베항은 항구의 설비가 잘 정돈되어 있어서, 아무리 큰 기선이라도 자유롭게 출입 할 수 있습니다. 크나큰 조선소가 있는 것도 이 항구에 잘 어울리며, 그 밖의 공업 역시 활발합니다.

고베는 뒤로 산이 있고, 평지가 적기 때문에 도시는 해안을 따라서 띠처럼 가늘고 길게 뻗어 있습니다. 그러나 도시가 발전함에 따라 집은 점차 산의 경사지로 올라가, 해안에서 조금 높은 곳까지 건물이 늘어서 있어서, 특색 있는 시가지를 형성하고 있습니다.

고베역 근처에는 국화향기도 드높은 미나토가와(湊川)신사가 있어서, 영원히 충신들의 업적을 우러르고 있습니다.

미나토가와(湊川)신사

5. 고베(神戶)에서 시모노세키(下關)까지

고베(神戶)에서 시모노세키(下關)에 이르는 지방은 산요도(山陽道)로 불려온 곳으로, 교토 오사카(大坂) 방면과 규슈(九州)나 조선(朝鮮)을 연결하는 지방으로서 일찍부터 개발되어, 해안의 평야에는 각지에 도시가 발달하고 있습니다.

고베에서 출발하는 산요(山陽)본선은, 이들 도시를 연결하여 경치 좋은 세토나이카이 연안을 거쳐 시모노세키에 도달하는 철도입니다만, 시모노세키에서는 바로 해저터널에 의해 규슈의 철도로 연결되어 있으므로, 도쿄에서 나가사키(長崎)나 가고시마(鹿兒島)로 직행하는 열차도 있습니다.

또한 시모노세키에서 부산으로도 철도 연락선(連絡船)이 통하고 있습니다.

세토나이카이(瀨戶內海) 세토나이카이는, 혼슈 남서부와 시코쿠, 규슈와의 사이에 둘러싸인 좁고 긴 내해(內海)로, 교통에 있어서 중요한 위치를 차지하고 있고, 게다가 연안은 드나듦이 매우 많은데다, 또 크고 작은 수많은 섬들이 흩어져 있어서, 선착에 적합한 항구가 많은 까닭에 우리나라에서 가장 일찍부터 해상교통이 발달했던 곳입니다. 연안항로나 외국항로의 배가 끊임없이 왕래하고 있는 세토나이카이는 우리나라에서 가장 번화한 바닷길이라 할 수 있습니다.

그러나 본토와 섬들 사이 또는 섬과 섬 사이에는 좁은 해협이 연이어 있기 때문에 배의 통로는 매우 복잡합니다. 게다가 조수간만의 때마다 이들 해협을 조류가 세찬 기세로 흐릅니다. 아와지섬(淡路島)과 시코쿠 사이의 나루토(鳴門)해협은 조류가 심하기로 유명합니다.

세토나이카이(瀬戸内海) 풍경

세토나이카이 연안은 혼슈에서도 비가 적고 맑은 날이 많은 지방으로, 동시에 연안의 산지도 섬의 산도 화강암으로 된 하얀산을 드러내며, 해안의 모래 또한 하얗게 빛나고 있어서 전체적으로 밝은 느낌을 줍니다. 거기에 녹색 소나무가 늘어서 있고, 푸른 바다색이 서로 비추어져 아름다운 경치를 펼치고 있습니다.

세토나이카이는 분명히 우리나라의 해상공원입니다.

세토나이카이는 수산업으로도 중요한 바다입니다. 여기에서는 갖가지 어류도 많이 잡힙니다만, 제염업에는 특히 유의하지 않으면 안 됩니다.

염전

멀리 얕은 곳에서 모래해변이 잘 발달되어 있고, 맑은 날이 많은 세토나이카이 연안은, 옛날부터 제염업이 활발하여, 조선과 타이완의 서해안지방, 관동주 등과 함께 우리나라에서 가장 소금 생산이 많은 지방입니다. 아카호(赤穗), 호후(防府), 사카이데(坂出) 등이 그 중심지입니다.

또 해안이나 섬에는 갖가지 과수(果樹)의 재배가 활발합니다. 기후가 과수재배에 적합한 점과, 대체로 산지가 많고 논이 적은 까닭에, 경사지를 이용하여 그 재배에 주력하였기 때문입니다.

연안의 공업 세토나이카이 연안에서는, 혼슈(本州) 측에서도 시코쿠(四國) 측에서도, 근래 각지에 공업이 매우 발달해왔습니다. 그래서 이것은 머잖아 한신(阪神)과 기타큐슈(北九州) 양대 공업지대가 점차 묶여져 가는 것처럼 여겨집니다.

혼슈 측으로는 아카시(明石), 히메지(姬路), 오카야마(岡山), 구레(吳), 히로시마(廣島), 도쿠야마(德山), 시모노세키(下關) 등이 있으며, 시코쿠 측으로는 다카마쓰(高松), 니이하마(新居濱), 이마바리(今治), 마쓰야마(松山) 등의 도시가 있습니다.

히메지는 농업, 공업의 중심지일 뿐만 아니라, 옛날부터 조카마치(城下町)였던 까닭에, 도시 중심부에 있는 성은 옛 모습을 잘 보존하고 있고, 우뚝 솟은 천수각의 아름다움은 과연 천하 명성(名城)이라는 이름에 부끄럽지 않습니다. 부근의 히로하타(廣畑)에는 큰 제철소가 있습니다.

히메지(姬路)성

구레(吳)는 군항으로 유명합니다.

히로시마(廣島)만 깊숙한 곳에 있는 히로시마는 오다가와(大田川)의 삼각주 위에 발달한 좋은 항구로, 해륙교통에 좋으며, 구레와 더불어 상공업이 번창하여 산요(山陽) 제1의 도시가 되었습니다.

도쿠야마(德山)는 해군의 주요한 항구로, 부근의 이와쿠니(岩國), 호후(防府), 우베(宇部) 등은 모두 신흥공업도시입니다.

시모노세키(下關)는 세토나이카이 서쪽 입구에 있는 좋은 항구로, 수륙교통의 요지입니다. 또 어업의 큰 중심지로서 수산물 집산이 번창한 곳입니다만, 도시의 일부인 히코시마(彦島)에는 조선업과 그 밖의 공업이 행해지고 있습니다.

또한 농가의 부업으로 오카야마, 히로시마 두 현에는 다다미와 돗자리를 만듭니다. 이 지방은 우리나라에서도 그 주된 산지입니다. 또 주고쿠(中國)고원에는 소를 기르는 목축이 대단히 활발합니다.

다카마쓰(高松)는 교통상 중요한 곳으로, 주고쿠와의 사이에는 철도연락선도 연결되어 있습니다. 다카마쓰 부근의 평야는, 토지가 잘 개간되어 쌀이나 보리를 많이 생산합니다. 강우량이 비교적 적기 때문에 히메지 부근의 평야나 오사카평야 등과 마찬가지로, 논으로 물을 끌어오기 위해 저수지가 많이 있습니다.

니이하마(新居濱)는 벳시(別子)광산에 의해 발달한 곳으로, 근래 새롭게 공업이 발흥하고 있습니다.

벳시광산은 우리나라에서도 주된 구리 산지입니다.

구로시오(黑潮) 세토나이카이에 면해 있는 북측 시코쿠에 비해, 태평양에 면한 남측 시코쿠는 인구도 적고, 도시도 많지 않습니다. 남쪽 시코쿠는 매우 비가 많은데다 기후가 따뜻하고 숲이 우거져 있어 임산물이 풍부합니다. 또 각지에 어항이 있어서, 가다랑어와 참치 등이 많이 잡혀서, 고치(高知)현은 가다랑어포의 산지로 알려져 있습니다. 고치는 남쪽 시코쿠의 중심 도시입니다.

가다랑어 낚시

이처럼 임업과 수산업이 번창한 것은 이 지역을 구로시오(黑潮)가 드나들고 있기 때문입니다.

구로시오는 일본해류라 일컬어지는 태평양 흐름 가운데 큰 난류입니다. 흐름의 색이 검은 빛을 띠고 있어서 다른 부분과 구별되는 점에서 이렇게 불립니다. 적도의 북쪽을 서쪽방향으로 흐르며, 필리핀의 여러 섬에 부딪혀서 방향을 북쪽으로 돌려, 타이완과 류큐열도 연안을 지나, 규슈 및 시코쿠 남쪽 해안에서 기이(紀伊), 이즈(伊豆), 보소(房總) 등 여러 반도 부근을 동쪽으로 흐르며, 조시(銚子) 근해에서 혼슈와 떨어져 북태평양 바다로 향합니다.

또한 이 본류에서 분리되어 쓰시마해협을 지나 혼슈, 홋카이도 등 일본해연안을 북상하는 쓰시마해류도 있습니다.

구로시오는 그 통로에 해당하는 연안 일대 토지의 기온을 높게 하고, 또 많은 비를 내리게 합니다. 특히 남동계절풍이 몰아치는 여름철에는 태평양연안 일대에 비가 많아지게 되어, 그 때문에 미나미규슈(南九州), 미나미시코쿠(南四國), 기이(紀伊)반도 등과 같은 아름다운 삼림이 발달한 것입니다. 그러나 이들 각 지역에 삼림이 발달한 것은 단지 기후가 좋기 때문만이 아니라, 지역 사람들이 삼림을 애호하기 때문입니다. 기이반도의 삼나무 같은 좋은 재목처럼 기노쿠니(紀の國)는 나무의 나라가 아니면 안 된다는, 오랫동안 사람들이 나무를 기르기 위해 노력한 보람이라고도 할 수 있습니다.

또 구로시오의 물살에는 정어리, 가다랑어, 참치, 방어 등 어류가 풍부하여, 그 통로에 해당하는 연안에서는 어업이 왕성하며, 현재 구로시오를 따라가는 고기떼를 쫓아 멀리 태평양 한가운데까지라도 나가서 활발히 활동하고 있습니다. 용감하고 어업에 탁월한 우리국민은 태평양 여러 지방뿐만 아니라, 인도양 방면까지도 진출하여, 곳곳에서 뛰어난 솜씨를 드러내며, 세계 제일의 수산국다운 면모를 발휘하고 있습니다.

6. 규슈(九州)와 그 섬들

규슈(九州)는 그 위치가 내지(內地)에서도 서쪽 끝에 위치한 까닭에 역사상 조선, 중국과 서양 여러 나라와의 교통으로 관계가 깊은 곳입니다만, 이제부터는 동아시아 지역과의 연락에 있어서 한층 중요한 곳이 되겠지요.

공업이 활발한 기타큐슈(北九州) 규슈에서도 기타큐슈는, 혼슈의 서쪽 입구에 접해 있어서, 해륙교통이 대단히 편리한데다가, 우리나라에서도 가장 큰 석탄산지이기 때문에, 그곳에 크게 공업이 발달했습니다. 그 중에서도 후쿠오카(福岡)현에는 지쿠호(筑豐)탄광과 미이케(三池)탄광 등 양대 탄광이 있어서, 우리나라에서 생산하는 석탄의 약 절반을 이 현(縣)에서 산출합니다. 그밖에 사가(佐賀), 나가사키(長崎) 두 현에서도 석탄이 산출되므로, 기타큐슈는 석탄이 대단히 풍부한 지역입니다.

규슈에서도 북단에 해당되는 모지(門司), 고구라(小倉), 도바타(戶畑), 야하타(八幡), 와카마쓰(若松) 등 도시가 이어지는 지방은, 도처에 공장이 즐비해 있어서, 게이힌(京濱), 나고야(名古屋), 한신(阪神)지방 등과 함께 우리나라 일대 공업지대를 이루며, 중공업, 식료품공업, 화학공업 등이 활발하게 행해지고 있습니다. 그 모습은 기차의 운행으로도 잘 알 수 있습니다. 모지, 와카마쓰 두 항은 이 공업지대의 제품을 국내외 각지로 실어 내고, 원료를 수입함과 아울러, 또 지쿠호(筑豐)탄전의 석탄을 많이 출하합니다.

공장 내부

후쿠오카(福岡)는 인구 30만, 규슈 제일의 도시로, 항구도시로서 하카타(博多)라는 이름은 옛날부터 알려져 있습니다. 최근 대륙이나 남방 여러 항구 간의 교통이 한층 활발해졌습니다. 부산과의 사이에도 철도연락선이 개통되어, 관부연락선(關釜連絡船)과 함께 중요한 역할을 다하고 있습니다. 더욱이 이곳은 우리나라 항공로의 중심으로, 만주와 중국으로, 또 타이완을 거쳐 남방 여러 지방으로 항공로가 통해 있습니다. 인근에 탄광이 있어서, 도시 안팎으로 새로운 공업이 번창해 왔습니다. 구루메(久留米)는 교통의 요지로서 상공업이 활발합니다. 오무타(大牟田)는 미이케탄광 덕분에 발전한 도시로, 화학공업을 비롯하여 여러 가지 공업이 성행하고 있습니다. 도시의 일부에 있는 미이케(三池)항에서는 석탄의 출하가 활발합니다.

나가사키(長崎)는 우리 외국무역 역사에 특히 인연이 깊은 항구로, 상하이 항로의 기점입니다.

사세보(佐世保)는 군항으로 발달했던 곳입니다. 그 동쪽에 있는 아리타(有田)는 예로부터 도자기 산지로 유명한 곳입니다.

공업이 크게 번창하고 인구도 밀집되어 있는데다, 도시도 많은 기타규슈에는 교통이 잘 발달되어 있습니다. 모지에서 출발하는 가고시마(鹿兒島)본선과 고쿠라에서 출발하는 닛포(日豐)본선은, 가고시마에서 합류하여 규슈를 일주하는 간선을 이루며, 또 가고시마본선에서 분리된 나가사키본선도 주요한 철도를 이루고 있습니다.

이들 간선이 모여드는 기타큐슈는 그 지선(支線)이 각지로 통해 있고, 특히 지쿠호탄광지방의 많은 탄광촌을 연결하는 철도가 그물망처럼 발달해 있습니다.

기타큐슈는 해안의 드나듦이 빈번하고 좋은 항구도 많아서 해상교통도 매우 활발합니다.

쓰쿠시(筑紫)평야와 구마모토(熊本)평야 규슈에서 가장 큰 지쿠고가와(筑後川)유역에 펼쳐진 쓰쿠시(筑紫)평야는 규슈에서 제일가는 넓은 평야로, 이에 버금가는 구마모토평야와 함께 농산물이 매우 풍부합니다. 특히 좋은 쌀이 많이 산출되어 다른 지방으로 활발하게 송출됩니다. 또 보리와 유채도 다량 생산됩니다.

쓰쿠시평야에서는 사가(佐賀)와 구루메(久留米), 구마모토평야에서는 구마모토가 중심도시로, 함께 쌀의 거래가 활발합니다. 세 도시 모두 조카마치(城下町)로서 발달한 도시로, 특히 당시의 성(城)이었던 구마모토(熊本)성은 유명합니다.

쓰쿠시평야는 간토평야 등과는 달리 토지의 대부분이 극히 낮고 평평하기 때문에, 한없이 논이 이어지고 도랑이 무수히 통하고 있는데, 그것이 이 평야의 하나의 특징을 이루고 있습니다. 지쿠시, 구마모토 두 평야는 인구가 매우 밀집되어 있어, 기타큐슈 공업지대와 함께 규슈에서도 가장 조밀한 지역을 이루고 있습니다.

아소(阿蘇)와 기리시마(霧島) 규슈(九州)는 아소(阿蘇)화산대와 기리시마(霧島)화산대가 지나고 있어서 화산이 많이 있습니다.

아소(阿蘇)분화구의 연기

그 중에서도 아소산과 기리시마산은 그 대표적인 산이며, 이 외에도 시마바라(島原)반도의 운젠다케(雲仙岳)나 가고시마만 안에 있는 사쿠라지마(櫻島) 등도 이름난 화산입니다.

아소산의 옛 화구(舊火口)는 동서 18킬로미터, 남북 24킬로미터의, 세계에서 유례가 없을 정도로 거대한 분화구로, 그 중앙에 또 몇 개인가 새로운 분화구 언덕이 생기고 있습니다.

아소산(阿蘇山)

이들 분화구 언덕과 옛 화구벽과의 사이는 평지로 되어, 마을이나 시가지가 몇 개나 있습니다.

이들 화산이 있는 곳은 모두 경치가 좋고, 부근에는 대개 온천이 있습니다. 특히 오이타(大分) 근처의 벳푸(別府)는, 온천 마을로서 세계적으로 유명한 곳입니다.

화산의 중턱이나 끝자락에는 넓은 벌판이 있어서, 목장에 적합하기 때문에, 아소, 기리시마, 운젠 등 모두 다 훌륭한 목장이 있고, 소와 말이 사육되고 있습니다.

신대(神代)를 사모하는 미나미큐슈(南九州) 규슈를 비스듬히 가로지르는 규슈산맥을 경계로, 그 남쪽에 있는 미나미큐슈는 기타큐슈에 비해 한층 따뜻하고 비도 훨씬 많이 내립니다. 이러한 관계는 시코쿠의 남쪽과 북쪽의 경우와도 유사합니다.

미나미큐슈는 니니기노미코토(瓊瓊杵尊)의 강림 이후 진무(神武)천황의 간토지방 정벌에 이르기까지의 역사를 전하는 지역으로, 우리들로 하여금 머나먼 신대를 회상하게하여, 국사의 숭고한 근원에 대해 깊이 생각하게 합니다.

가고시마(鹿児島)와 사쿠라지마(桜島)

이 지방에서는 기타큐슈 같은 상공업의 발달은 볼 수 없습니다만, 농업과 목축은 활발히 행해지고 있습니다. 기타큐슈와 달리 논보다는 밭이 많아서, 고구마와 기타 밭작물이 많이 재배됩니다.

규슈산맥 안에는 금, 은, 동, 주석 등의 광산이 있습니다. 사가노세키(佐賀關)에는 큰 제련소가 있어서 활발하게 금, 은, 동을 제련하고 있습니다.

가고시마(鹿兒島)는 미나미규슈 제1의 도시로, 가고시마만을 향해 사쿠라지마와 마주하고 있어 대단히 경치가 좋고, 또 미나미규슈에서의 해륙교통의 한 중심을 이루고 있습니다. 미야자키(宮崎)는 인근 평야의 중심지입니다. 근처 일대에는 사적이 많아서, 태고로부터 개발된 지역임을 말해주고 있습니다. 북쪽의 노베오카(延岡)에서는 수력전기를 이용하여 인조견사, 비료 등의 공업이 행해지고 있습니다.

류큐(琉球)와 기타 섬들 규슈 본토의 남쪽에는 타이완과의 사이에 사쓰난(薩南)제도와 류큐(琉球)열도가 길게 이어져있고, 북쪽에는 조선과의 사이에 이키(壹岐), 쓰시마(對馬), 서쪽으로는 고토(五島)와 그 밖에 크고 작은 섬들이 많이 있습니다.

류큐(琉球)의 민가

사쓰난제도, 류큐열도는 기온이 높아 열대식물이 무성하며, 사탕수수의 재배가 활발하여, 내지(內地) 제1의 설탕 산지입니다. 또 고구마가 많이 산출되어, 쌀이 부족한 이 지역 주민의 식량으로 중요합니다.

오키나와(沖縄)섬은 류큐열도의 주된 섬으로, 나하(那覇), 슈리(首里) 두 도시가 있는데, 나하는 류큐열도 가운데 제일 좋은 항구입니다. 류큐열도는 우리나라에서도 특히 태풍이 많은 지방인 까닭에, 집은 특별히 튼튼하게 짓고, 주변에 높은 돌담을 둘러쌓는 등 바람에 대비하여 여러 가지 주의를 기울이고 있습니다.

이키와 쓰시마는 일본해 입구에 자리하고 있기 때문에, 오늘날 군사상 대단히 중요한 곳이며, 또 고토(五島)와 함께 어업의 근거지가 되고 있습니다. 따라서 나가사키현은 우리나라에서도 어업이 매우 활발한 곳입니다.

규슈의 여러 섬들로부터 멀리 해외에 진출하여 어업이나 기타 활동을 하고 있는 사람들이 많이 있습니다.

7. 주오코치(中央高地)와 호쿠리쿠(北陸) · 산인(山陰)

혼슈(本州)의 중앙부는 히다(飛驒), 기소(木曾), 아카이시(赤石) 등의 높은 산맥이 있고, 각지에 화산이 치솟아 고원이 전개되어, 혼슈에서 가장 땅이 높은 곳으로 되어있습니다.

이 고지의 북으로 이어진 니가타(新潟), 도야마(富山), 이시카와(石川), 후쿠이(福井) 등 여러 현을 포함한 지방을 나가노(長野)현과 함께 호쿠리쿠(北陸)지방이라 부르며, 그 서쪽 주고쿠산맥의 북측을 차지하는 일대의 지방을 산인(山陰)지방이라 합니다.

혼슈(本州)의 지붕 혼슈의 주오코치(中央高地) 가운데서도, 전체적으로 지대가 가장 높은 나가노현은, 이른바 혼슈의 지붕에 해당합니다. 특히 나가노현의 서쪽 경계에 있는 히다(飛驒)산맥은 3,000미터 안팎의 높은 산이 몇 개나 있어서, 남북으로 늘어서 있는 험준한 봉우리들은 하늘을 찌를 듯이 높이 솟아 있습니다.

히다(飛驒)산맥의 높은 봉우리

아카이시(赤石)산맥도 3,000미터를 넘는 산들이 있어서, 역시 웅대한 산맥입니다만, 기소(木曾)산맥은 이에 비해 떨어집니다.

이들 산맥 사이를 흐르는 시나노(信濃), 기소(木曾), 덴류(天龍), 후지(富士) 등 큰 강의 계곡이나 연안의 분지는, 주오코치에서의 주요 산업지역을 이루고, 그곳에 도시도 발달하고 있습니다.

목재의 운반

주오코치에는, 각지에 삼림이 분포되어 있어, 목재를 많이 생산합니다. 특히 기소계곡의 삼림은 유명하고, 노송나무, 화백나무 등 좋은 목재가 벌채되어 각지로 운송됩니다. 황송하게도 신궁의 조영에 사용되는 것은 기소에서 나는 노송나무입니다.

유명한 양잠지 혼슈 중앙부의 고지는 우리나라에서 가장 양잠이 왕성한 지방으로, 가는 곳마다 뽕나무밭이 이어져 있습니다. 양잠과 더불어 이 지방에서는 제사업도 각지에서 운영되고 있습니다.

스와코(諏訪湖)연안은 제사업이 특히 활발하여, 그 중심인 오카야(岡谷)는 우리나라 제일의 생사(生絲) 도시입니다. 스와코에서 흘러나오는 덴류가와(天龍川)계곡과 마쓰모토(松本), 나가노(長野), 우에다(上田) 등 여러 분지도, 각각 양잠, 제사가 활발합니다. 나가노는 참배자가 많은 젠코지(善光寺)의 몬젠마치(門前町)로서 발달한 도시입니다.

야마나시(山梨)현에서도 고후(甲府)분지를 비롯한 각지에서 양잠(養蠶)이 행해지고 있습니다. 나가노현 및 야마나시현의 동쪽 산지를 넘어 간토(關東)평야로 나오는 산기슭지방 역시 양잠과 제사(製絲)가 활발한 곳이라는 것은 이미 앞에서 배운 대로입니다. 또한 나가노현 남서부에 있는 아이치(愛知), 기후(岐阜) 두 현에서도 양잠이 널리 행해지고 있습니다.

우리나라의 양잠업은 혼슈 주오고치가 그 큰 중심지로 되어 있습니다만, 다른 지방에서도 도처에서 행해져, 우리나라는 세계 생사의 대부분을 생산하고 있습니다. 따라서 견직물도 예로부터 우리나라가 명산지로, 우리나라 사람들의 뛰어난 기술과 풍부한 취향을 드러낸 직물이, 각지에서 짜여지고 있습니다.

겨울의 바람과 눈　일본해연안 일대는, 겨울이 되면 북서계절풍이 바다를 건너 와서 산지로 몰아치기 때문에, 눈이 많이 내립니다. 특히 호쿠리쿠(北陸)는 눈이 많이 내려서 지붕보다도 높이 쌓이는 지역도 있을 만큼, 들판도 마을도 도시도 완전히 눈에 파묻혀버리는 모습은 조선 등에서는 거의 상상도 할 수 없을 정도입니다.

호쿠리쿠(北陸)의 눈

이처럼 눈이 많은 지방이기 때문에, 겨울철 교통은 불편하고, 산업적으로도 갖가지 장애가 일어납니다. 일반적으로 겨울은 논밭의 경작이 불가능합니다. 그래서 긴 겨울을 이용하여 각종 부업을 하는데, 그것이 이제 와서 대규모 산업이 된 곳도 있습니다.

쌀과 석유와 하부타에(羽二重) 시나노가와(信濃川) 하류에 있는 에치고(越後)평야는 우리나라에서도 주된 쌀 산지로, 도쿄를 비롯한 여러 지역으로 많이 송출됩니다. 에치고평야와 그 부근에서는 견(絹), 마(痲), 인견(人絹) 등 직물업이 각지에서 행해지고 있습니다. 원래는 농촌의 여가를 이용한 부업에서 발달하여, 오늘날 크게 성장하게 되었습니다.

또 이 평야는 석유산지로 알려져 있어, 아키타(秋田)현과 함께 우리나라 석유의 2대 생산지를 이루고 있습니다. 석유는 니가타(新潟), 나가오카(長岡) 등에서 정제되고 있습니다.

니가타(新潟)현의 유전

시나노가와 하구의 항구로서 발달한 니가타는 요즈음 새롭게 축항되어, 북부조선의 나진(羅津)이나 청진(淸津)을 거쳐 만주와의 무역이 활발해졌습니다.

조에쓰(上越)선이나 신에쓰(信越)본선은 에치고평야와 간토평야를 잇고, 호쿠리쿠본선은 에치고평야와 교토, 오사카 방면을 연결하고 있습니다.

주변에 산을 둘러싸고 앞으로는 만(灣)을 품고 있는 도야마(富山)평야는 에치고평야와 함께 쌀 산지로, 다른 지방으로 많이 송출합니다. 주변의 높은 산지를 흘러내리는 강들은 급류인데다, 수량이 많아서 곳곳의 수력발전에 이용되며, 그 전력에 의해 도야마를 비롯하여 각지에 여러 가지 새로운 공업이 일어나고 있습니다. 그 전기는 도쿄, 오사카 등에도 보내집니다. 또 예로부터 유명하다는 약은, 각지에서 제조되는데, 도야마는 그 중심지입니다. 후시키(伏木)는 쌀 선적 항구로 유명하고, 또한 북부조선의 항구로 항로가 통하여, 조선이나 만주와 거래가 이루어지고 있습니다.

호쿠리쿠본선은 도야마평야에서 남서쪽으로 향하여, 가나자와(金澤), 후쿠이(福井), 쓰루가(敦賀) 등의 도시를 지나 오미(近江)분지로 진입합니다만, 그 길에 해당되는 이시카와(石川), 후쿠이(福井) 두 현은 우리나라의 주된 하부타에(羽二重, 곱고 보드라우며 윤이 나는 순백색 비단)와 견직물의 산지로 알려져 있습니다. 이들의 중심지는 조카마치로 이름난 가나자와(金澤)와 후쿠이입니다.

해안의 드나듦이 많은 와카사(若狹)만 연안에는 동부에 쓰루가(敦賀)가 있어서, 대륙방면과 교통과 무역이 활발하고, 서부에는 군항(軍港) 히가시마이즈루(東舞鶴)가 있습니다.

산인(山陰) 교토에서 북서쪽으로 향하는 산인(山陰)본선은 일본해해안으로 나오면 대개 해안을 따라 산인의 주된 도시를 관통하여 시모노세키(下關)에 도달합니다. 화산대가 근처를 지나고 있기 때문에, 연선에는 유명한 다이센(大山)을 비롯한 많은 화산과 온천이 있습니다. 또 푸른 일본해의 파도가 해안 바위에 부서지는 아름다운 경치도 차 안에서 바라볼 수 있습니다.

교통의 요지 돗토리(鳥取)와 요나고(米子), 경치 좋기로 유명한 마쓰에(松江), 또 유신의 사적으로 유명한 하기(萩) 등은 연선의 주요 도시입니다.

신지코(宍道湖) 부근의 평야는, 평야가 적은 산인(山陰)에서는 중요한 곳입니다. 또한 신대 이래 열린 이즈모(出雲)지방의 중심이기 때문에, 가는 곳마다 신사와 사적이 있습니다.

다이샤(大社)에 있는 이즈모노오야시로(出雲大社)는 신대를 그리워하는데 어울리는 고대 건축의 유풍을 전해주는 신사입니다.

이즈모노오야시로(出雲大社)

일본해(日本海) 호쿠리쿠, 산인 등과 마주보고 있는 일본해는 혼슈, 홋카이도, 사할린(樺太), 조선 및 시베리아 등에 둘러싸인 바다입니다. 이 바다를 향해 있는 지방은 대개 산지가 해안에 직면해 있기 때문에 평야가 부족하고, 또 해안선의 드나듦이 적고, 섬도 많지 않습니다.

그러나 일본해는 내지(內地)와 대륙 사이에 가로놓여있기 때문에 예로부터 양쪽을 연결하는 중요한 역할을 해 왔습니다.

먼 옛날 신대(神代)로부터 내지와 조선의 교통이 이 바다를 흐르는 해류 또는 계절풍을 이용하여 행해졌던 일도 적지 않았겠지요.

산인과 호쿠리쿠 등은 조선과의 관계가 특히 깊은 곳입니다. 만주국 건국 이래 북부조선의 여러 항구를 잇는 곳으로 내지(內地)와 만주와의 교통이 빈번해지고, 또 연안의 각지에서 공업과 어업 등이 활발해지게 되었기 때문에, 일본해는 그 중요성을 한층 높여왔습니다.

지도를 펼쳐보면, 니가타, 후시키, 쓰루가, 사카이 등 내지(內地) 쪽 여러 항구와, 나진, 청진, 성진, 원산 등 조선 측의 여러 항구를 연결하는 많은 항로가 통하고 있는 것을 볼 수 있습니다. 바야흐로 일본해는 마치 우리나라 안에 있는 호수와도 같은 역할을 다하고 있는 것입니다.

8. 도쿄에서 아오모리(青森)까지

도쿄에서 북쪽 방면, 아오모리(青森)로 가는 철도는 태평양측을 통하는 것과 일본해측을 통하는 것이 있습니다.

태평양측을 지나는 도쿄, 아오모리간의 철도는 도호쿠(東北)본선입니다만, 별도로 조반(常盤)선이 있어서 도중까지 이 선을 통하여 아오모리로가는 기차도 있습니다.

일본해측을 통하는 오우(奧羽)본선은 도호쿠본선의 후쿠시마(福島)에서 출발하여, 오우산맥을 넘어 그 서쪽 분지와 해안평야를 지나 아오모리에 도달합니다.

이들 철도가 지나는 후쿠시마(福島)현 이북지방은 위치로 보면, 혼슈에서 가장 추운 곳입니다만, 오우산맥을 경계로 일본해측은 난류가 흐르기 때문에, 한류가 흐르는 태평양측보다 기온이 높습니다. 눈은 일본해 측에 많이 내려 호쿠리쿠(北陸)의 연장이라는 것을 인지시키고, 태평양측에는 훨씬 적게 내립니다. 이러한 기후의 특색은 산업, 교통 등에도 깊은 관계가 있습니다.

태평양측 도호쿠본선은 우라와(浦和), 오미야(大宮), 우쓰노미야(宇都宮)를 거쳐 간토평야 북쪽으로 빠져, 마시장(馬市)으로 유명한 시라카와(白河)를 거쳐, 아부쿠마가와(阿武隈川)의 골짜기로 나옵니다. 이 골짜기에서는 양잠이 활발하여 생사를 많이 생산하며, 고리야마(郡山), 후쿠시마는 그 중심 도시입니다.

조반선은 도쿄에서 북동쪽을 향하며, 사적(史蹟)이 많은 미토(水戶), 구리의 산출과 제련으로 이름난 히타치(日立)를 거쳐 조반탄전에 도달하고, 더 북쪽으로 나아가 아부쿠마가와 하류에서 도호쿠본선에 합류하여 센다이(仙臺)로 나옵니다.

센다이는 인구 22만, 도호쿠(東北) 제일의 도시로, 쌀을 많이 수확하는 센다이평야의 중심지로 번창하고 있습니다. 부근의 센다이만에서 북쪽 해안은 드나듦이 매우 많고, 각지에 어항이 발달해 있어서, 정어리, 가다랑어, 참치 등이 많이 잡힙니다. 미야기(宮城)현은 가고시마현, 시즈오카현과 함께 가다랑어포의 주요 산지입니다. 가마이시(釜石)는 이 방면 어항의 하나인데, 부근에는 유명한 철광산도 있습니다.

도호쿠본선은 센다이평야에서 기타가미가와(北上川) 계곡을 거슬러 올라, 모리오카(盛岡)를 거쳐 아오모리로 향합니다. 연선의 화산 저변이나 벌판에서는 말을 기르는 목축(牧馬)이 매우 성행하여, 예로부터 이 지방은 명마(名馬)의 산지로 알려졌으며, 모리오카는 그 제일 중심지로, 이곳의 마시장(馬市)은 유명합니다.

말(馬) 목장

아오모리는 혼슈와 홋카이도 간의 교통에 있어서 중요한 항구로, 하코다테(函館)와의 사이에 철도연락선이 왕래하고 있습니다. 무쓰(陸奧)만 안쪽에는 해군의 주요항인 오미나토(大湊)가 있습니다.

일본해측 혼슈 북동부의 중앙을 종(縱)으로 관통하고 있는 오우산맥에는 나스(那須)화산대가 지나고 있어서, 수많은 아름다운 화산이 솟아있고, 각지에 온천도 분출되고 있습니다. 화산 부근에는 남쪽의 이나와시로코(猪苗代湖)와 북쪽의 도와다코(十和田湖)와 같은 경치가 좋은 호수도 있습니다. 나스화산대에 평행하여 일본해측을 조카이(鳥海)화산대가 지나고 있습니다. 이나와시로코 서쪽에는 아이즈(會津)분지가 있는데, 이 분지를 비롯하여 일본해측에는 분지가 몇 개나 더 남북으로 늘어서 있습니다. 와카마쓰(若松), 요네자와(米澤), 야마가타(山形) 등은 그 분지의 중심 도시입니다. 이들 분지는 일본해 해안의 여러 평야와 함께 쌀의 주산지로, 사카타(酒田) 등에서 도쿄를 비롯하여 오사카 및 기타지역으로 지속적으로 출하하여, 내지(內地)에서 쌀을 타지방으로 송출하는 중요한 곳이 되었습니다. 다만 이 지역은 연중 여름철 기온이 부족하여 흉작일 때도 있습니다. 특히 한류가 흐르는 태평양 측에 그런 경우가 많습니다.

오우본선은 아키타(秋田)에서 우에쓰(羽越)본선과 합류합니다. 우에쓰본선은 일본해연안을 지나 아키타와 니가타방면을 연결하는 선입니다. 아키타 부근에는 유전이 있어서 석유를 생산합니다. 석유 외에도 아키타현에는 곳곳에 동, 금, 은 등의 광산이 있는데, 그 중에서도 고사카(小阪)는 가장 두드러집니다.

일본해측에는 삼림이 아주 무성하게 우거져 있으며, 특히 요네시로가와(米代川) 유역의 삼나무는 유명합니다.

히로사키(弘前) 부근의 평야는 우리나라 제일의 사과 산지입니다.

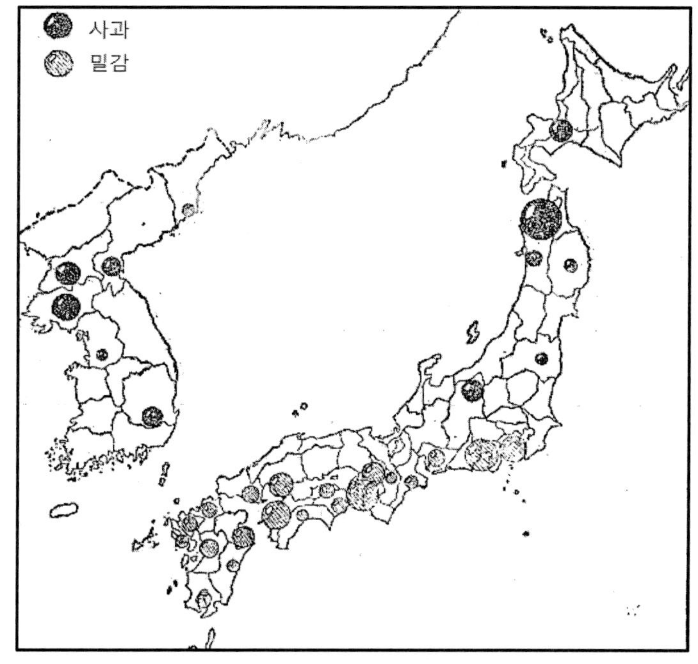

사과와 밀감의 분포

이 지방에서는 메이지 초기 무렵부터 재배되었고, 그 후 재배자들의 대단한 노력이 계속된 데다, 기후와 토질 또한 사과재배에 적합하므로, 마침내 오늘날과 같은 성황을 보기에 이르렀습니다. 아오모리현의 사과는 조선의 사과와 더불어 그 명성을 높이고 있습니다.

혼슈 북동부와 조선 등에서는 사과 생산은 많지만, 따뜻한 지방에 적합한 밀감은 거의 볼 수 없습니다.

9. 홋카이도(北海道)와 사할린(樺太)

홋카이도본섬과 지시마(千島)열도 및 북위 50도선을 경계로 하는 사할린(樺太)섬 남반부는 우리나라에서 가장 북쪽에 있는 지방이므로, 북부조선 등과 함께 기온이 매우 낮아 겨울추위가 극심한 곳입니다.

홋카이도도 사할린도 개척의 역사는 새롭습니다만, 혼슈와 기타 지역에서 이주해 온 사람들이 갖가지 어려움과 싸워가면서 노력을 거듭하여 개척에 종사했던 까닭에 두 지역 모두 눈부신 발전을 이루고 있습니다.

오도마리(大泊)의 빙상 하역

또한 두 지역 모두 미국과 러시아 영토에 근접해 있어서 우리 북쪽 변방의 수비에 있어서나, 혹은 우리나라 북방으로의 발전에 있어서도 대단히 중요한 곳입니다.

홋카이도는 인구 약 330만, 사할린(樺太)은 약 40만으로, 두 곳 다 면적에 비하면, 우리나라에서 인구가 가장 적은 지역입니다만, 차후 발전에 따라 점점 증가하겠지요.

풍부한 수산물 한류와 난류가 흐르고 있는 홋카이도와 사할린(樺太) 근해는, 세계에서도 이름난 큰 어장입니다. 청어, 연어, 송어, 대구, 게, 다시마 등 한류 바다에 많은 것 외에도 정어리, 오징어, 참치 등 난류성 어류도 많습니다. 연어와 송어는 각지의 강에서도 많이 잡힙니다.

청어의 양륙

홋카이도와 사할린은 둘 다 혼슈에 인접한 해안지방에서부터 개척되기 시작했는데, 그것은 혼슈에서 이 지방으로 출어하는 사람이 많았던 까닭입니다.

홋카이도의 남쪽 입구에 있는 하코다테(函館)를 비롯하여 오타루(小樽), 무로란(室蘭), 네무로(根室) 등 주요 항구와 사할린의 문호인 오도마리(大泊)와 마오카(眞岡) 등은 모두 어업의 근거지로도 중요합니다.

매년, 어획기(漁獲期)가 되면 혼슈에서 돈벌이하러 나온 사람들로 이들 항구는 북적입니다. 또한 하코다테, 오타루 등을 근거로 멀리 러시아령 캄차카 연안까지 나가서, 용감하게 활동하는 사람들도 있습니다. 획득한 수산물은 대부분 여러 가지 가공물로 제조되어 각지에 보내집니다.

농장과 목장 개척 당시 매우 어려웠던 홋카이도의 농업도, 그 후 사람들의 노력에 의해 마침내 오늘날과 같은 큰 발전을 이루어, 이시카리가와(石狩川)유역의 이시카리(石狩)평야와 가미가와(上川)분지, 에조(蝦夷)산맥 동쪽에 있는 도카치(十勝)평야를 비롯한 각 평야에는 농장이 개발되어, 기후에 적합한 다양한 농산물을 많이 수확하게 되었습니다. 또한 농장 가운데는 대규모적 농법에 의해 경영되고 있는 것도 있습니다.

초기에는 재배가 불가능한 것으로 여겨졌던 쌀이, 지금에 와서 거의 섬 전체에 걸쳐 재배되어 생산액이 현저하게 증가한 것 외에도, 귀리, 밀, 감자, 콩 등을 많이 생산하며, 또한 박하, 아마(亞麻), 제충국(除蟲菊), 사탕무와 같은 특산물도 있습니다. 홋카이도청이 있는 삿포로(札幌)을 비롯하여 아사히카와(旭川), 오비히로(帶廣) 등은 각각 이들 농업지역의 중심으로, 농산물을 원료로 하는 각종 공업이 번성하고 있습니다. 사할린에서도 남부의 평야에서는 농업이 행해져, 귀리, 감자, 사탕무 등을 생산합니다. 사할린청이 있는 도요하라(豐原)는 이 평야의 중심지입니다.

홋카이도에서는 목축도 왕성합니다. 우리나라에서도 다른 곳에서 거의 볼 수없는 드넓은 벌판이 있어서, 사료로서 귀리와 목초도 잘 자라므로, 말이나 소를 기르는데 적합하여, 각지에 목장이 조성되어 있습니다. 특히 남동부의 태평양방면은 목장의 중심지로, 각지에서 마시장(馬市)도 열립니다. 이시카리평야에는 젖소가 많고, 삿포로에서는 유제품의 제조가 활발합니다. 이 평야는 양도 많이 사육되고 있습니다.

훗카이도(北海道)의 목장

왕성한 펄프공업 훗카이도에도 사할린에도 추운지방에 적합한 가문비나무, 분비나무 등 천연 대삼림이 넓게 분포되어 있습니다. 목재 그대로 송출되는 것도 있습니다만, 주로 펄프공업의 원료로서 사용됩니다.

사할린(樺太)의 삼림

따라서 홋카이도와 사할린은 실로 우리나라 제일의 펄프와 종이(洋紙)의 산지로서, 홋카이도에서는 도마코마이(苫小牧), 구시로(釧路) 등에 큰 제지공장이 있습니다. 사할린에서는 도요하라(豐原)를 비롯하여 도시라는 도시는 모두 펄프 및 제지공장이 있습니다.

제지공장(製紙工場)

홋카이도와 사할린의 펄프공업이 활발해진 것은 두 지방 모두 석탄 산출이 많은 까닭입니다.

홋카이도의 이시카리탄전은 지쿠호(筑豐)탄전에 이어 석탄을 많이 산출합니다. 또한 사할린에서도 사할린산맥 안에 탄전이 넓게 분포해 있고, 에스토루(惠須取) 부근을 비롯한 곳곳에서 채굴되고 있습니다.

석탄은 펄프공업에 사용될 뿐만 아니라, 도쿄 이외의 지방으로도 송출됩니다. 무로란에서는 철공업도 성행하고 있습니다.

사할린(樺太) 탄갱

지시마열도 지시마열도는 홋카이도본섬과 러시아령 캄차카 반도 사이에 분포되어 있는 많은 섬들입니다. 이 열도는 지시마화산대에 속해 있어서 어느 섬이나 대개 험준한 화산섬입니다. 날씨가 춥고 주민도 적어서, 농업에 적합하지 않습니다만, 근해에 연어, 송어, 대구, 게 등이 많이 잡히기 때문에 어업은 상당히 활발합니다. 그 때문에 통조림공업도 활발합니다. 여름은 어업을 위해 이곳으로 오는 사람이 많습니다. 또한 그 위치가 북태평양에 있어서 러시아와 미국 영토에 근접해 있기 때문에 국방에 있어서 대단히 중요한 곳입니다.

10. 타이완(臺灣)과 남양군도(南洋群島)

일본열도의 가장 남쪽에 있는 타이완은 열대에 가까운 기후인 곳으로, 여름 기온은 조선과 그다지 다르지 않습니다만, 겨울에는 매우 따뜻하여, 계절의 변화가 내지(內地)나 조선처럼 뚜렷하지는 않습니다.

농가와 빈랑나무(びんらうじ)

기온이 높고 비가 많아서 수목이 우거져 다양한 열대성 천연 산물이 풍족한데다, 우리나라 영토가 된 후 산업도 현저하게 발달하여, 산물이 풍부하게 되었습니다. 이 섬은 실로 우리 남방의 보고(寶庫)라는 이름에 어울리는 곳입니다. 한편 타이완은 건너편에 중국 본토와 마주하며, 남쪽으로 우리 국력이 나날이 뻗어나가 열대의 여러 지방을 끼고 있으므로, 군사적인 면에서나 교통에 있어서 차후 더욱더 중요한 곳이 되겠지요.

면적은 조선의 약 6분의 1정도입니다만, 인구는 약 600만, 조선의 4분의 1로, 대부분이 원주민입니다.

남양군도는 일본열도의 남쪽, 적도에 가까운 열대 큰 바다에 넓게 분포되어 있는 섬들로, 우리 태평양방면의 국방기지로서 대단히 중요합니다. 모두 작은 섬들뿐이므로, 그 수는 많아도 전체 면적은 도쿄 정도입니다. 인구 약 13만으로, 대부분 내지(內地)에서 이주한 사람들입니다.

서부평야 타이완에서는, 섬을 종단하는 타이완(臺灣)산맥이 중심부보다도 동쪽으로 치우쳐서 이어지고 있으므로, 서쪽에는 큰 강들이 있고, 그것의 하류 평야는 해안을 따라 이어져 있습니다. 이와 반대로, 동쪽은 산지가 급하게 바다에 직면해 있기 때문에 평야가 적습니다.

또한 타이완은 해안의 드나듦이 적고, 섬도 얼마되지 않은데다 서해안은 멀리까지 얕기 때문에 천혜의 좋은 항구가 거의 없습니다.

서해안에서는 천일제염이 행해지고 있습니다.

타이완산맥에서 발원하여 서부평야를 흐르는 강으로는, 큰 강도 적지 않습니다만, 강물이 계절에 따라 크게 증감하고, 또 토사의 퇴적이 많기 때문에 배의 항로로는 그다지 이용되지 않습니다. 그러나 이들 강에서 끌어온 용수로가 도처로 통하고, 또 각지에 저수지가 만들어지는 등 강물은 잘 이용되어, 농업의 발달을 촉진하였습니다.

서부평야는 농업과 상공업이 발달하고 교통도 편리하기 때문에, 본섬의 주민 대부분은 이곳에 모여 있고, 주요도시도 이 방면에 분포되어 있습니다.

쌀과 설탕과 차 기온이 높고 비가 많은 타이완에서는 농업이 잘 발달하여, 본섬 제일의 산업이 되었습니다. 쌀과 사탕수수의 생산액이 가장 많고, 둘 다 서부평야가 주산지입니다.

사탕수수의 수확

쌀은 1년에 두 번 수확하는 이모작으로, 조선의 쌀과 마찬가지로 내지로 많이 송출됩니다. 본섬의 대표적인 작물인 사탕수수는 주로 중남부의 평야에서 재배되고, 가기(嘉義), 다이추(臺中), 헤이도(屛東)를 비롯하여 각지에 큰 제당공장이 있습니다. 설탕은 본섬 제일의 공산품으로, 최근 그 생산액이 크게 증가하여 대부분 내지와 조선에 보내집니다. 이제는 우리나라 전체에서 사용할 만큼의 설탕을 타이완에서 산출하게 되었습니다.

북부의 구릉지에는 차(茶)가 활발하게 재배되고, 타이페이(臺北)와 기타지역에서 정제되어 다량 수출됩니다. 고구마는 연중 도처에서 재배되며, 쌀 다음으로 중요한 식량입니다.

이 외에도 다양한 열대성 과일이 생산되어, 내지와 조선으로 많이 보내집니다. 특히 바나나와 파인애플이 유명합니다.

바나나농장

타이완의 농업에 중요한 가축은 물소입니다. 몸이 강건하여 경작이나 물건을 운반하는데도 크게 도움 되며, 특히 수전(水田)의 경작에 적합합니다.

돼지는 고기용으로서 타이완사람의 생활에 없어서는 안 되는 가축인데, 거의 집집마다 사육되어 그 마릿수는 조선보다도 훨씬 많습니다.

물 소

타이완은 근래 도로와 철도도 크게 발달하여, 서부평야에는 본섬을 종관하는 간선철도가 있고, 또 그 지선도 많습니다.

기룽(基隆)은 타이완의 문호로, 내지와의 교통이 가장 활발한 항구입니다. 부근에는 석탄과 금의 산지가 있습니다.

타이페이는 인구 약 33만으로, 타이완총독부가 있는 본섬 제일의 도시입니다. 육상교통의 요지일 뿐만 아니라 항공로의 중심지이기도 합니다. 교통이 편리하기 때문에 상공업도 잘 발달되어 있습니다. 도시 북부에는 타이완신사가 세워져 있습니다. 타이페이에서 남쪽 평야에는, 철도 간선을 따라 신치쿠(新竹), 다이추(臺中), 가기(嘉義), 타이난(臺南) 등의 도시가 있으며, 각각 그 부근 상공업의 중심지를 이루고 있습니다. 해군의 주요항인 가오슝(高雄)은 북쪽 기룽(基隆)에 대응하는 남쪽 주요항구로, 이곳에서는 남방의 여러 지역과의 교통이 활발합니다.

타이완(臺灣)신사

타이페이(臺北) 시가지

높은 산들 서부평야에서 동쪽으로 이동함에 따라서 지대는 점점 높아지고, 남북으로 이어지는 산맥이 몇 개나 늘어서서 험준한 산지를 이루고 있습니다. 3,000미터가 넘는 산이 수십을 헤아릴 정도이며, 그 중에는 후지산보다도 높은 산들이 있는데, 특히 높이 3,950미터의 니타카산(新高山)은 우리나라에서 제일 높은 산입니다.

니타카산(新高山) 부근

열대식물이 우거진 평지에서 높은 산지로 올라감에 따라 식물도 종류가 변화해 갑니다. 산지에는 넓은 삼림이 있어서, 큰 노송나무와 녹나무 등이 도처에서 발견됩니다. 아리산(阿里山)을 비롯하여 각지에서 노송나무의 좋은 재목의 벌채가 활발하여, 철도를 이용하여 평지로 운반되고 있습니다. 따라서 제재업도 도처에 성행하고, 그 중에서도 가기(嘉義)에는 큰 제재소가 있습니다. 녹나무에서는 장뇌 및 장뇌유가 생산되어, 세계적으로 이름난 특산물이 되었습니다. 또 큰 대나무가 나는데, 갖가지 재료로 사용되는 중요한 임산물의 하나입니다.

동해안은 평야가 적고 교통도 아직 대체로 편리하지는 않습니다만, 북부에는 기룽에서 연장된 철도가 있고, 또 가렌(花蓮)항과 타이도(臺東) 사이에도 철도가 통하고 있습니다.

호코(澎湖)제도 호코제도는 타이완해협에 있는 바위가 많고 낮은 섬들로, 그중 가장 큰 섬이 호코(澎湖)섬입니다. 호코섬은 해안선의 드나듦이 많으며, 서쪽에 있는 마코(馬公)는 좋은 항구로, 해군의 요지항입니다.

남양군도 우리 남양군도는 카롤린, 마샬, 마리아나 등 여러 군도로 구성된 많은 섬들입니다.

이 군도는 전부 열대에 속해 있기 때문에, 이른바 연중 여름 기후이며, 사계절의 구별이 없습니다. 기온은 1년 내내 높습니다만, 늘 해풍이 부는데다 비가 많으므로, 비교적 견디기는 쉽습니다.

땅이 좁은데다 평지도 적어서 원래부터 산업은 발달하지 않았습니다만, 우리나라가 통치하게 되면서부터 여러 가지 산업이 왕성해졌습니다. 그 중에서도 사탕수수 재배는 근래 점점 활발하여 제당업은 이 섬들 제일의 산업이 되었습니다. 어업도 최근 크게 발달하여 가다랑어포가 많이 생산됩니다. 이 밖에도 코프라(야자열매 배유(胚乳)를 말린 것)와 인광(燐礦)이 생산되며, 이들 산물은 모두 내지로 송출됩니다. 주요 섬들과 내지 사이는 기선이 왕래하고, 또 정기항공로도 개설되어 있습니다.

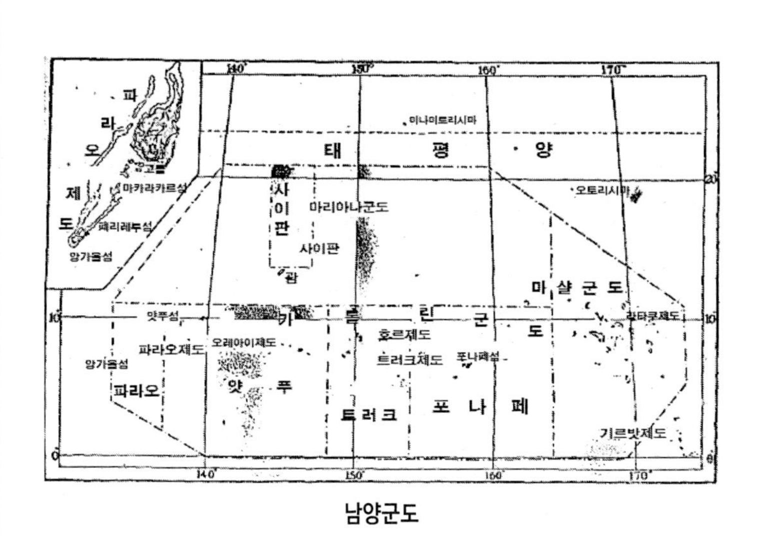

남양군도

이 군도를 다스리는 남양청(南洋廳)은 파라오제도의 콜로르섬에 있습니다. 콜로르섬에는 남양신사(南洋神社)가 있습니다.

11. 조선

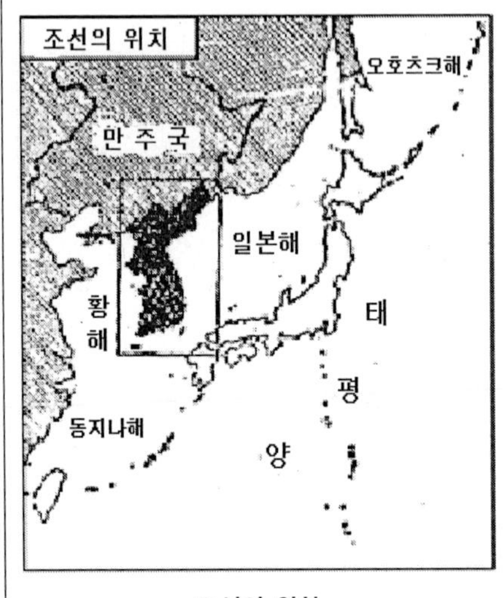

조선의 위치

조선은 일본해와 황해 사이의 내지와 대륙을 잇는 다리처럼 길게 남북으로 뻗어있는 반도입니다. 면적은 약 22만 평방킬로미터로, 우리나라 전체 면적의 약 3의 1에 해당하여, 혼슈보다 조금 좁은 정도입니다.

북쪽은 만주나 시베리아와 이어져있고, 또 북중국과 몽골(蒙疆)에 가까우며, 남쪽은 좁은 해협을 사이에 두고 내지와 마주하고 있습니다. 따라서 우리나라와 대륙과의 관계가 깊어짐에 따라 우리 대륙발전의 기지로서 중요한 역할을 하게 되었습니다.

특히 최근에는 2,400만이 넘는 많은 사람들이 그 본분에 힘쓰고 있어서, 문화는 진전하고 산업은 발전하여 옛날과는 달리 새롭게 생기가 넘쳐흐르고 있습니다.

조선은 남쪽에서 북쪽으로 갈수록 지대가 높아져, 북부는 넓은 고원을 이루고 있습니다. 국경이 있는 백두산은 이 고원에 높이 솟아있는 화산으로, 화산이 적은 반도에서는 드물게 큰 것입니다. 산 정상에는 맑은 호수가 있습니다. 이곳에서부터 흐르는 압록강은 우리나라에서 제일 긴 강으로, 만주와의 국경을 굽이굽이 서쪽으로 흘러 황해로 흘러들어갑니다. 또 두만강은 만주나 러시아와 국경을 이루며 일본해로 흘러들어갑니다.

백두산 정상의 천지

반도의 척추와도 같은 태백산맥은, 훨씬 동쪽으로 치우쳐 일본해연안에 가까운 곳으로 뻗어있습니다. 이런 까닭에 동해안은 평지가 부족하고 교통도 불편합니다. 금강산은 이 산맥에 있는 경관이 빼어난 명산입니다. 이 척추와도 같은 산맥에서 분리되어 남서쪽으로 향하는 소백산맥 등은 점점 낮아져 황해와 조선해협으로 침강하기 때문에, 서부나 남부 해안 근처에는 평야가 펼쳐져 있고, 대동강, 한강, 금강, 낙동강 등 큰 강이 완만하게 흐르고 있습니다.

서해안과 남해안은, 동해안과 달리 해안선의 드나듦이 현저한데다 부근에 크고 작은 수많은 섬들이 있어서, 좋은 항구가 많고 교통도 편리하여, 산업이 개발되고 도시가 발달하고 있습니다. 남쪽 해상에 있는 제주도는 조선지방에서 가장 큰 섬이며, 화산섬으로도 유명합니다.

서해안은 조수간만의 차가 우리나라에서 가장 큰 지방입니다. 이런 까닭에 인천항을 비롯한 서해안의 항구에는 선박의 출입을 위해 특별한 설비를 하고 있습니다. 또한 서해안에서는 간척사업도 활발히 행해지고 있습니다. 그러나 동해안의 간만의 차는 극히 미미합니다. 이처럼 반도의 동·서 양쪽 해안을 비교하면 여러 가지 차이점이 있습니다.

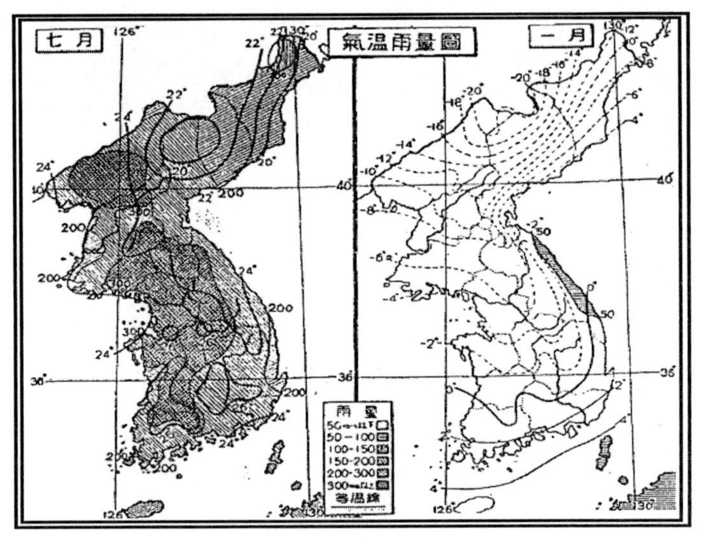

기온우량도(氣溫雨量圖)

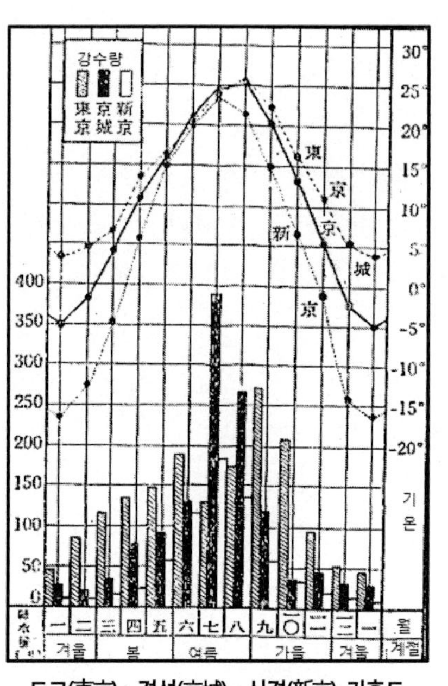

도쿄(東京)·경성(京城)·신경(新京) 기후도

조선반도는 만주의 남쪽으로 이어지는 대륙의 일부이기 때문에, 일본열도에 비하면 한서의 차이가 심하고 대륙성기후를 띠고 있습니다.

우리의 마을이나 도시의 여름과 겨울의 기온 차는 어느 정도일까요?

남쪽과 북쪽은 다릅니다만, 일반적으로 겨울 추위가 심하고, 또 겨울이 긴 것은 조선의 특색입니다. 중부이북에서는 강에 두꺼운 얼음이 얼어서, 그 위를 화물차가 통과하게 됩니다.

이처럼 추위가 심하게 때문에 우리들의 생활은 겨울을 대비한 것이 많으며, 온돌은 그 좋은 예입니다. 겨울철에는 삼한사온(三寒四溫)이라 하여 추운날 사이에 비교적 따뜻한 날이 끼어 있어서, 그런대로 견디기 쉽다고 생각됩니다.

비는 남동계절풍이 부는 여름 무렵에 많이 내리고, 그 밖의 계절에는 극히 적어서, 우기와 건기가 뚜렷이 구분됩니다. 이렇게 비가 내리는 계절이 치우쳐 있는데다가 비의 양은 내지에 비해 훨씬 적습니다. 따라서 농업을 활발히 하기 위해서는 저수지나 개천을 늘리는 수리사업을 활발히 하기도 하거나, 또 산에 나무를 가꾸어 수원지를 충분히 하는 일에 힘쓰지 않으면 안 됩니다.

부산에서 경성까지 조선의 문호인 부산은 연락선에 의해 내지와 연결되어 있습니다. 철도는 부산에서 출발하여 북쪽을 향하여, 대구, 경성, 평양을 지나, 신의주에서 압록강철교를 건너, 맞은편 안동(安東)에 도착하고, 이곳에서 만주철도로 연결되어 있습니다. 지금은 부산에서 하얼빈행과 베이징(北京)행 직통열차가 있어서 일본, 만주, 중국의 3국을 연결하여 달리고 있습니다. 부산, 경성간을 경부(京釜)본선, 경성, 안동간을 경의(京義)본선이라 하는데, 이는 한반도를 종관하는 간선철도입니다.

급행열차

부산은 인구 25만으로, 조선 제일의 무역항입니다. 특히 내지와의 거래가 많아서, 시모노세키(下關)와 하카타(博多)를 비롯한 각 지방과 교통이 빈번하며, 수산물의 집산도 활발합니다.

근래, 면사나 도자기 등의 제조도 행해지고 있습니다. 부산의 서쪽에 있는 진해는 조선해협에 인접한 해군의 주요 항입니다. 마산, 진주 등은 지방의 중심도시로, 부근에는 통영, 삼천포 등 항구가 있습니다.

사과열매

대구는 낙동강 중류의 분지에 있는 교통의 요지로, 농산물의 집산이 많고, 특히 근교는 사과의 생산이 많아, 대구사과로 유명합니다. 대구의 동쪽에 있는 경주는 신라의 옛 도읍으로, 부근에 유적이 많고, 동해안에는 울산, 포항 등 항구가 있습니다.

대구에서 김천을 지나, 추풍령고개를 넘으면 대전으로 나옵니다. 대전은 호남본선의 분기점으로, 철도개통 이전에는 한적한 지역이었는데, 이후 급속히 발달하여 이 부근의 중심지가 되었습니다.

호남본선은 호남평야의 요지를 연결하며 목포에 이르는 중요한 철도입니다. 호남평야는 금강과 영산강 유역의 비옥한 땅으로, 쌀을 비롯한 갖가지 농산물을 많이 수확합니다. 곳곳에 수리시설이 잘 되어 있고, 잘 정리된 경지가 넓게 펼쳐져 있으며, 큰 정미소와 농업창고 등도 많이 볼 수 있습니다.

호남의 옥토

이리, 전주, 광주 등은 이 평야의 중심도시이고, 군산, 목포, 여수 등은 모두 그 문호로서 번화한 항구입니다.

영산강유역에는 육지면의 재배가 활발하여 우리나라 제일의 이름난 곳이며, 목포는 육지면 출하 항으로 알려져 있습니다,

면(綿)의 수확

또한 바다 수심이 얕고, 조수간만의 차가 큰 남서부 해안에서는 김 양식이 매우 활발하여 내지로도 많이 보내지고 있습니다.

김 양식

금강에 연접해 있는 공주와 부여는 모두 백제의 옛 도읍으로, 부여에는 부여신궁(扶餘神宮)을 건축하고 있습니다. 금강 상류의 청주에는 충청북도청이 있습니다.

경부본선은 대전에서 북상하여 수원을 거쳐 경성에 이릅니다.

경성은 한강 하류의 분지를 중심으로 발달하여 지금은 인구 100만을 넘는 우리나라 굴지의 대도시입니다. 도시 중앙에 있는 남산에는 조선신궁이 있어서, 언제나 참배객들이 이어지고 있습니다.

조선신궁

조선총독부를 비롯하여 조선군사령부, 고등법원, 조선은행 등이 이곳에 모여 있기 때문에, 경성은 조선의 정치, 군사, 경제 등의 큰 중심지입니다. 또한 제국대학 외에도 여러 학교가 있고, 박물관, 도서관 등도 있어, 학문의 중심지를 이루고 있습니다.

철도로는 경부(京釜)・경의(京義) 2선을 비롯하여 경인(京仁), 경경(京慶), 경원(京元), 경춘(京春) 등 모든 철도가 집중되어 있습니다. 또 비행장이 있어서, 내지와 만주, 북중국 방면으로 항공로가 통하고 있습니다.

최근 공업도 활발하여 특히 한강 남쪽 강변에서부터 경인선을 따라, 방적(紡績), 피혁, 고무, 기계, 맥주 등 크고 작은 공장이 늘어서 있습니다.

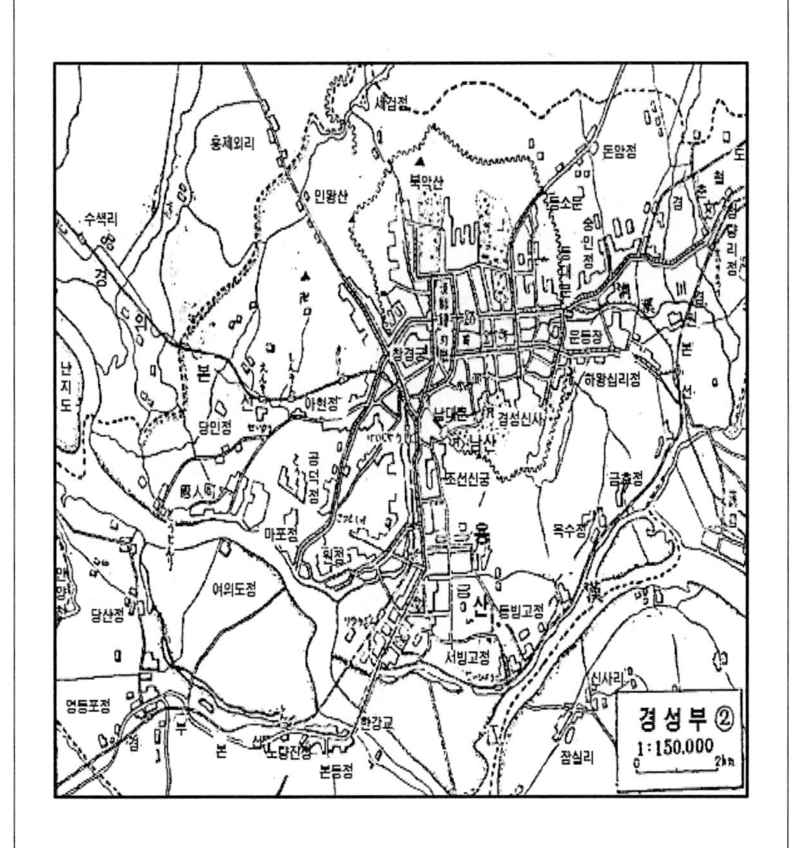

경성의 항구로서 발달한 인천은 경성의 서쪽, 대략 40킬로미터 지점에 있습니다. 내지와 만주 및 중국과의 거래가 많아, 부산에 이어 제2의 항구가 되었습니다. 항구는 조수간만의 차가 크기 때문에 갑문(閘門)을 설치하여 간조 때에도 선박이 자유롭게 출입할 수 있도록 하였습니다.

부근의 해안에는 얕은 바닷물을 이용한 염전(鹽田)이 멀리까지 이어지고 있습니다. 그 중심은 주안(朱安)입니다. 제염법은 타이완과 유사한 천일제염입니다. 염전은 이 부근 외에도 서해안 각지에 있습니다만, 그 중에서도 진남포(鎭南浦)에 가까운 광량만(廣梁灣)과 귀성(貴城)의 염전은 유명합니다.

소금산

춘천은 한강 중류의 분지에 있으며, 강원도청이 있습니다.

경성에서 신의주까지 경성에서 안동으로 향하는 경의본선을 따라서 북쪽으로 이동하면 개성(開成), 평양(平壤), 신의주(新義州) 등의 도시가 있습니다.

개성은 조선인삼의 산지로 유명한 곳입니다. 인삼은 조선의 특산물로, 중국과 남양 방면으로도 보내지고 있습니다.

조선 인삼

개성의 북쪽에 있는 황주(黃州)는 남쪽의 대구와 함께 사과의 산지로 유명합니다. 부근의 겸이포(兼二浦)에는 큰 제철소가 있습니다. 겸이포의 남쪽에는 재령(載寧), 은율(殷栗) 등의 철광산이 몇 개나 있고, 철광은 겸이포에서 제련되는 외에, 야하타(八幡)의 제철소로도 많이 보내집니다.

해주(海州)는 황해도청이 있는 곳으로, 최근 공업도 점차 발흥하고 있습니다. 연안 일대에서는 수산업이 활발하며, 이곳에서 잡은 조기는 동해안의 명태와 더불어 유명합니다. 연평도(延坪島)는 조기어업의 중심지입니다.

평양은 대동강 하류에 있는 넓은 평야의 중심지로, 인구 약 30만, 경성에 이은 조선 제2의 도시입니다. 이곳은 그 옛날부터 개발된 곳입니다만, 부근에 석탄이나 철광의 산지가 있고, 게다가 교통편도 좋아서 최근 공업도시로서 눈부시게 발전하고 있습니다.

진남포(鎭南浦)는 평양의 항구로서 발달한 곳입니다. 또 큰 제련소가 있어서, 구리, 납, 은, 금 등의 제련이 활발하게 행해지고 있습니다.

석탄(石炭)의 증산

압록강의 어귀에 근접한 신의주는 강을 사이에 두고, 만주의 안동(安東)을 마주하고 있어 국경도시로서 중요한 곳입니다. 압록강은 하구가 얕아 교통에 불편하기 때문에, 다사도(多獅島)에 철도를 연결하고, 또 새로운 항을 구축하여 이 불편을 보완하려 하고 있습니다.

압록강 하류 수풍(水豐) 부근에서는 강의 흐름을 막아 대규모 발전소가 건설되어, 그 풍부한 전력이 조선은 물론, 만주로도 보내져, 크게 도움이 되고 있습니다. 또한 압록강유역에서는 각지에서 발전계획이 점진적으로 진행되고 있습니다.

압록강 댐

압록강 상류의 아름다운 숲

또 압록강 상류에는 조선 낙엽송을 비롯하여 멋진 삼림이 우거져 있기 때문에, 그 유역에는 제재, 펄프, 제지 등의 공장이 있습니다.

경의본선에서 분리되어 국경마을 만포(滿浦)로 향하고, 나아가 만주철도와 연락하는 만포선과, 마찬가지로 수풍(水豐)에 이르는 철도 등은 모두 지역개발의 중요한 역할을 다하고 있습니다.

경성에서 나진(羅津)까지 경성에서 북동쪽으로 향하는 철도는 고원과 산지를 가로질러 일본해연안의 원산(元山)으로 나오고, 해안지대 북쪽으로 나아가서, 국경도시 회령(會寧)과 상삼봉(上三峯)을 지나 나진(羅津)에 이릅니다. 경성에서 원산(元山)까지를 경원본선, 원산에서 상삼봉까지를 함경본선, 상삼봉에서 나진까지를 북선선(北鮮線)이라 부르고 있습니다. 북선선은 남만주철도가 경영하고 있습니다.

이 지역은 오랫동안 산업과 교통이 활발하지 않았고, 문화도 뒤떨어져, 동부조선(裏朝鮮)이라 일컬어지고 있었습니다. 그런데 최근 각종 산업이 발흥하고, 수많은 도시가 날로 발전을 지속하여 그 면모를 일신하게 되었습니다.

원산, 성진(城津), 청진(淸津), 나진 등은 연안의 주요 항구인데, 이 지방의 문호로서 역할을 하고 있을 뿐만 아니라, 내지 방면의 니가타(新潟), 후시키(伏木), 쓰루가(敦賀), 사카이(境) 등 여러 항구와 연결됨으로써 일본해에 있어 교통의 큰 중심이 되고 있습니다. 특히 청진과 나진은 내지와 만주를 잇는 중계지로서 중요한 곳입니다. 내지와 대륙과의 관계가 깊어지고, 일본해가 중요한 바다가 되었으므로, 이들 항구의 위치는 한층 중요하게 되었습니다. 이 지방이 만주국 성립 후 갑자기 눈부신 발전을 이룬 것도 이유가 있는 것입니다.

무산(茂山)과 이원(利原)을 비롯하여 각지에서 철광을 생산하고, 또 회령(會寧)부근과 북선선 연선 등의 함북(咸北)탄전에서는 석탄이 풍부하게 채굴되기 때문에 공업도 활발히 행해지고 있습니다. 흥남(興南)의 질소비료제조 및 제련업, 성진의 제철과 마그네사이트공업, 길주(吉州)의 펄프제조, 청진의 제철, 영안(永安)과 아오지(阿吾地)의 석탄액화공업 등은 그 이름이 알려지고 있습니다.

질소비료공장 내부

그리고 이와 같이 공업이 크게 발흥하게 된 것은 대규모의 발전(發電)이 이루어지고 나서부터의 일입니다.

북부의 넓은 고원은 가파른 절벽을 이루며 동부를 향하고 있습니다. 고원의 위에는 압록강 상류의 여러 강이 북쪽으로 흐르고 있습니다. 이들 여러 강을 중간에서 막아 큰 호수를 만들고, 이 물을 가파른 절벽을 통해 동부의 저지대에 떨어뜨려, 그곳에 대규모 발전소를 건설한 것입니다.

흥남(興南)은 이 발전(發電)사업이 시행되기까지는, 아주 작은 어촌에 지나지 않았습니다. 그러나 그 후 불과 십 수 년 사이에 급속히 발달하여 지금은 인구 십 수만의 도시가 되어, 함경남도청이 있는 함흥과 더불어 나날이 발전을 계속하고 있습니다. 그렇다 하더라도 이같은 지형을 발전에 이용한 사람들의 고충과 노력을 잊어서는 안 됩니다.

고원지대에서는 농업도 행해지고 있습니다만, 추운 곳에서 경작할 수 있는 감자와 귀리 등이 주요 산물입니다.

일본해연안에는 한류와 난류가 흐르고 있으므로, 수산업이 활발하여, 정어리, 명태, 청어, 게 등이 많이 잡히고 있습니다. 정어리는 식료품 외에도 기름을 채취하는 원료가 되고 있습니다. 명태의 생산액은 이 지역이 우리나라 제일입니다. 이것들의 중심은 청진으로, 출어기가 되면 어선의 출입이 빈번해집니다.

명태덕장

곡창 조선 농업은 예로부터 조선의 가장 중요한 산업으로, 여기에 종사하고 있는 가구 수는 전체의 약 70%에 달하고 있습니다. 쌀은 농산물 중에서 가장 중요합니다만, 남부에서 서부의 평야에 걸쳐 많이 재배되며 경부본선과 호남본선이 달리는 부근의 지방이 중심으로, 연선의 여러 도시에서는 쌀의 거래가 활발합니다.

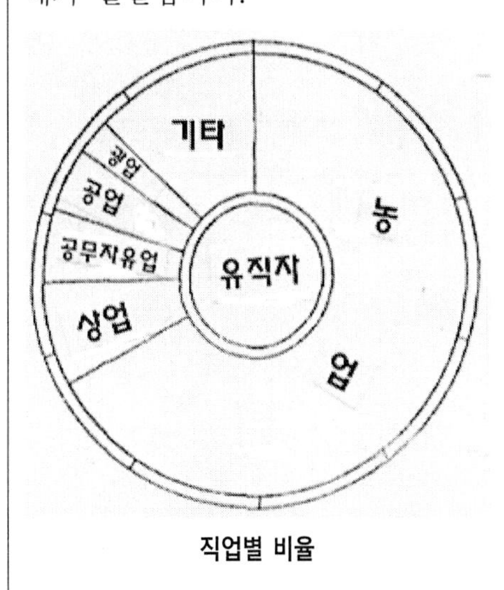

직업별 비율

쌀은 조선에서 소비될 뿐만 아니라 내지로도 보내지고, 또 만주와 북중국 등으로도 송출됩니다. 부산, 군산, 인천 등은 쌀의 출하가 활발한 항구입니다.

내지에서도 쌀은 많이 수확합니다만, 인구가 많아서 내지에서 생산되는 쌀만으로는 부족합니다. 그래서 지금은 조선을 비롯하여 타이완이나 남방 여러 지역에서 공급하고 있습니다. 그 중에서도 조선은 쌀의 생산액이 많고, 내지와의 거리도 가장 가까워서 다른 지역에 비해 가장 중요한 쌀 공급지가 되고 있습니다.

쌀 이외에도 보리, 콩, 조 등도 많이 수확됩니다.

맥류로는 보리, 밀, 쌀보리 등이 주요 곡물입니다. 북부는 대체로 봄 파종이 많고, 중부 이남에서는 가을 파종이 많습니다. 콩류로는 대두가 많으며, 각지에서 재배되어 내지로도 보내져 주된 이출품의 하나로 손꼽히고 있습니다. 조(粟)는 북부에 많으며, 맥류와 함께 주요 식량이 되고 있습니다. 또 감자, 고구마 등도 중요한 작물입니다.

전시체제하에서는 식량 확보가 필요하기 때문에, 식용작물의 증산에 특히 힘쓰지 않으면 안 됩니다.

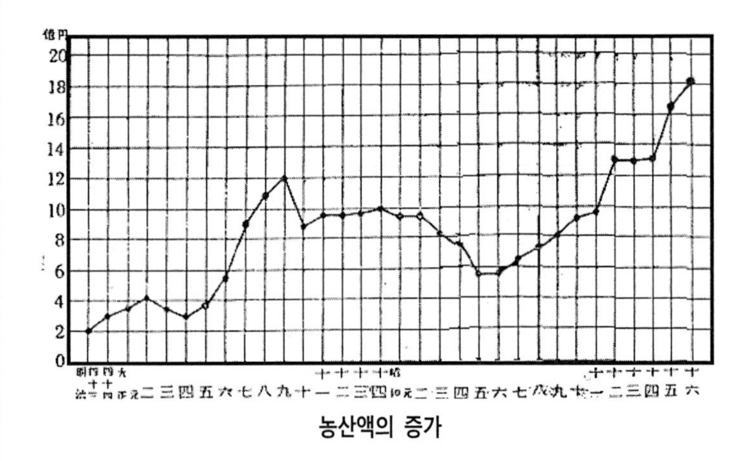

농산액의 증가

그 밖에 과일, 면화, 대마 등도 활발히 재배되고 있습니다.

이의 경작에는 주로 소가 사용되고 있습니다. 성질이 온순하고 일을 잘 하기 때문에 곳곳에서 사육되고 있습니다. 도처에 우시장(牛市)이 있어서 거래되고, 또 내지나 만주에도 보내져 경작이나 식용으로 유용합니다.

이처럼 조선의 농업은 중요한 의의를 지니고 있습니다만, 가뭄과 홍수 때문에 유난히 흉작이 되는 일이 빈번합니다.

우시장

조선에서 농작물을 수확할 수 없을 때에는 단지 조선에 살고 있는 사람들이 곤란을 당할 뿐만 아니라, 내지와 만주에도 영향을 줍니다. 우리들은 우리나라를 위해서, 동아시아를 위해서, 조선이 곡창으로서의 사명을 충분히 다할 수 있도록 노력해야겠지요.

그러기 위해서는 우리들의 궁리와 노력에 의해서 경지를 넓히고 수리시설을 갖추고, 혹은 경종법(耕種法)을 개선하는 일 등에 더욱 크게 노력하지 않으면 안 됩니다.

석탄과 철 조선의 지하에는 각종 자원이 풍부하게 있습니다만, 그 중에서도 중요한 것은 석탄과 철입니다.

석탄은 갈탄과 무연탄이 있습니다. 갈탄은 함북탄전에 가장 많고, 연료로 사용되는 것 외에도 인조석유의 원료도 되고 있습니다. 그러나 뭐라 해도 조선의 석탄으로 특색 있는 것은 무연탄입니다. 무연탄은 평양, 삼척, 화순 등 여러 탄전을 비롯한 각지에 매장되어 있으며, 그 양은 수십 억톤에 달하고 있습니다.

무연탄은 화력이 매우 강하여, 발전(發電)이나 그 외에도 적합합니다만, 지금까지는 대체로 그다지 이용되지 않았습니다. 그러나 이제부터는 공장에서도 가정에서도 이 풍부한 무연탄을 적극적으로 활용하려고 노력하지 않으면 안 됩니다.

철광의 생산액은 내지를 능가하고 있습니다. 특히 북부에는 큰 광산도 발견되어 활발히 채굴을 시작하고 있으므로 장래가 유망합니다. 철광은 조선 각지의 제철소에서 제련되는 외에도 일부는 내지로도 보내지고 있습니다.

철광산의 노천굴

석탄과 철 외에도 흑연, 텅스텐, 마그네사이트, 수연(水鉛), 니켈, 코발트, 형석(螢石), 금 등의 매장량도 많아, 바야흐로 조선의 지하자원 개발은 대동아건설을 위해 중요한 의의를 지니게 되었습니다.

공업의 발달 옛날에는 수제직물이나 소규모 제도(製陶), 제지(製紙), 양조(釀造) 등이 대개 농업의 부업으로 영위되어 왔습니다. 그러나 오늘날에는 공업생산액이 농업생산액을 능가할 정도의 기세를 보이며, 공업은 농업과 함께 가장 중요한 산업이 되었습니다.

북부조선, 서부조선, 경인지역 등 공업지대를 비롯하여 각지에 대규모 공장이 건설되어 화학, 식료품, 방직, 금속, 조선 등 각종 공업이 활발하게 행해지고 있습니다. 그 중에는 생산액이 우리나라 제일로 일컬어지는 것도 있습니다.

목조선의 건조

그림의 표를 보아도 공업의 약진하는 모습을 엿볼 수 있습니다.

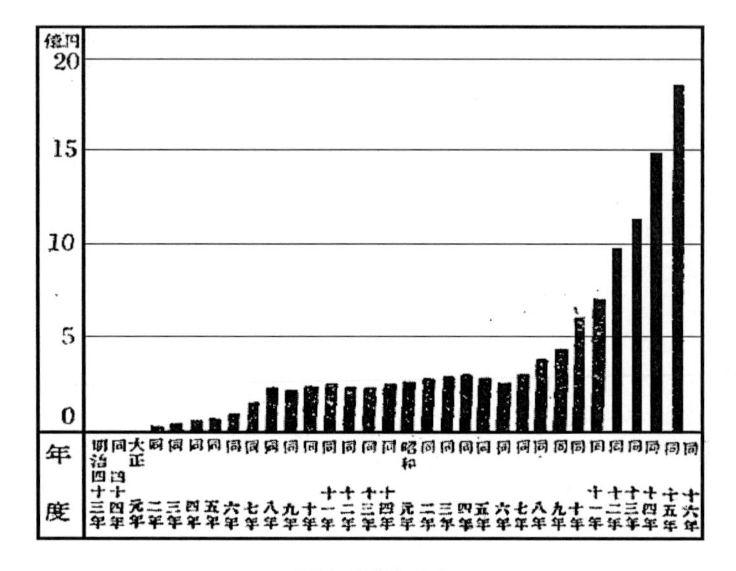

공업 생산액 증가

농업과 광업을 비롯하여 각종 산업은 날이 갈수록 번창하고 있고, 또 전력 개발도 눈부신데다, 더욱이 천혜의 위치에 있어 교통도 편리해졌으므로, 공업의 미래는 실로 유망합니다.

조선의 약진 옛날 우리마을과 도시의 모습을 지금의 노인에게 물어보면, 그 모습이 몰라볼 정도로 훌륭해 졌다고 대답하겠지요.

산은 우거지고 경지는 정리되고, 각지에 도시가 발흥하고, 산업과 교통도 옛날에 비해 완전히 그 면모를 일신하였습니다.

다음 도표를 보더라도 삼십 수년 동안 약진의 흔적이 분명합니다.

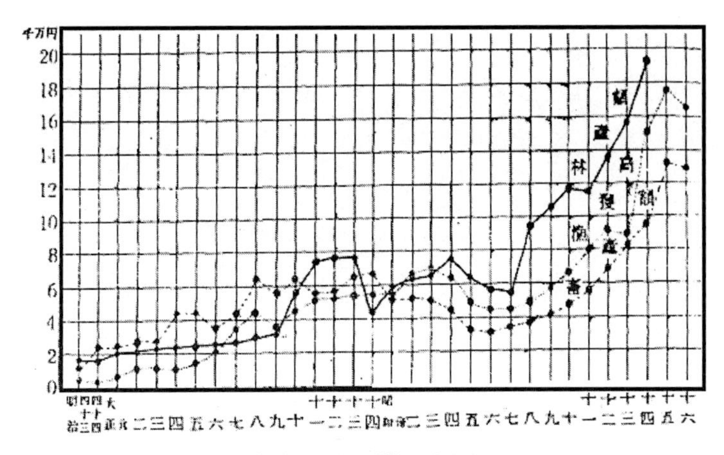

축산·임산·어획고의증가

바야흐로 조선은 우리대륙 발전의 기지로서, 또 갖가지 자원을 갖추고 있어서, 전쟁 중인 우리나라 국력의 중요한 일익을 담당하고 있습니다. 그리고 이같은 약진은 실로 천황의 위광 아래 역대 조선총독을 비롯한 지도급 인사들이 바르고 훌륭한 지도를 하고, 또 이에 호응하여 사람들이 밤낮으로 열심히 노력을 계속해 왔기 때문입니다.

우리들은 조선이 오늘날처럼 눈부신 발전을 이룬 까닭을 깊이 마음에 새기고, 조선이 우리나라의 대륙 전진기지로서의 사명을 완수할 수 있도록 한층 더 노력합시다.

12. 관동주

관동주는 만주의 남쪽, 요동반도의 남부를 차지하고 있습니다. 면적은 좁습니다만, 그 위치는 만주나 중국에 비해 대단히 중요한 곳입니다.

관동주에는 도처에 경사가 완만한 언덕이 높고 낮게 펼쳐져 있고, 평지가 적습니다. 그러나 해안선의 드나듦이 많아 각지에 만(灣)이 있으며, 대련(大連) 여순(旅順) 두 항은 각각 만에 인접해 있습니다.

겨울은 해안이 대개 얼어버립니다만, 대련과 여순은 부동항(不凍港)입니다. 비가 적고 맑은 날이 지속되기 때문에, 연안 각지의 모래해변은 천일제염이 활발하여, 조선과 내지에 많이 보내집니다.

평지는 적은데도 농업은 그런대로 활발하여 옥수수, 수수, 땅콩 등을 생산합니다. 공업도 대련을 중심으로 최근 대단히 발전하여 여러 공장이 있는데, 이것은 이 땅이 원료와 제품운송에 편리하기 때문입니다. 관동주가 교통상 뛰어난 위치에 있는 것은 대련이 이를 대표하며, 또한 군사상 중요하다는 것은 여순이 이를 잘 대변하고 있습니다.

대련(大連)은 인구 66만으로, 관동주청이 있는 곳입니다. 관동주에서 큰 도시는 이른바 이곳뿐으로, 만주의 현관에 해당하는 해륙교통의 요지를 차지하고 있습니다.

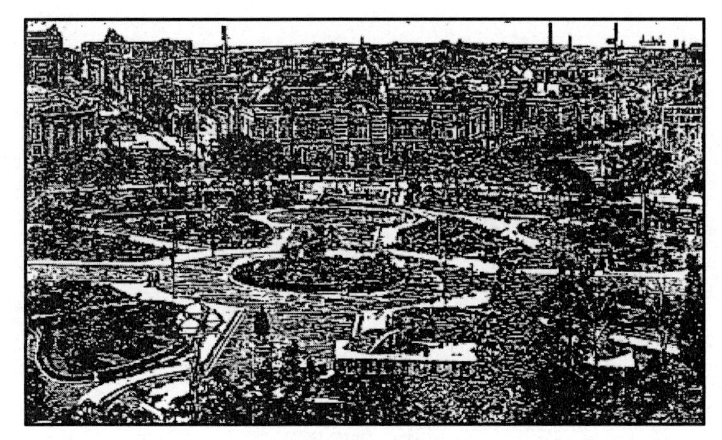

대련(大連) 시가지

만주의 콩, 콩깻묵, 석탄, 철광 등 주요 수출품이나, 기계, 직물, 밀가루 등 수입품은 대개 이곳을 거쳐 주로 우리나라와 거래되고 있습니다.

항구의 설비가 잘 정돈되어 내지를 비롯한 조선, 중국 등 여러 항구와의 사이에 선박의 왕래가 빈번합니다. 대련은 만주를 종관하는 철도 간선의 기점이며, 또 내지에서 만주와 북중국으로 가는 항공로에 해당합니다.

여순(旅順)은 항구의 입구가 좁고, 뒤는 산으로 둘러싸인 천혜의 요충지로, 우리 해군의 중요한 항구입니다. 부근 일대는 청일전쟁과 러일전쟁 양대 전쟁으로 이름난 전적지로서, 높고 낮게 연결된 하나하나의 구릉지는 우리 장병의 존귀한 피로 얼룩진 곳입니다.

13. 대동아

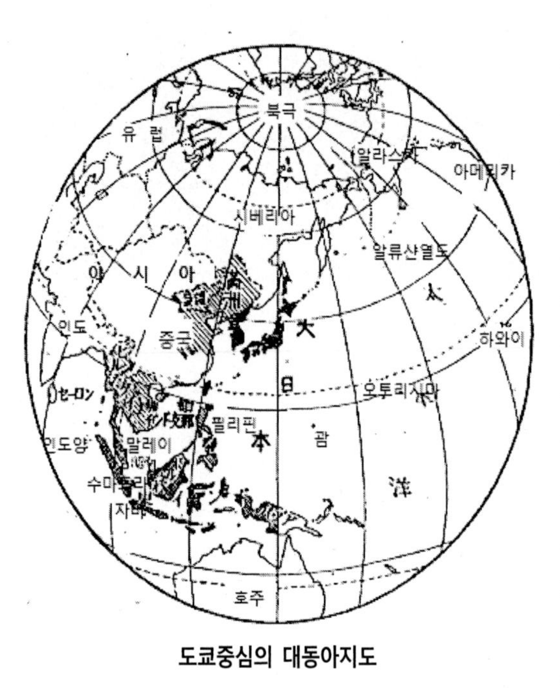

도쿄중심의 대동아지도

해 뜨는 나라 일본의 동쪽 해안으로 밀려오는 물결은 그대로 이어져, 끝없는 태평양을 넘어 아득히 먼 미국의 해변을 씻어주고 있습니다. 같은 물결이 북쪽은 안개의 알류샨에 연결되고, 남쪽은 열대 바다 넘어 남극에 도달하며, 인도양의 거친 파도까지 이어지고 있습니다. 서쪽으로는 또한 일본해, 중국해 등 바로 앞의 내해를 사이에 두고, 높은 산, 대평원, 대사막을 품고 광대한 아시아대륙이 가로놓여 있습니다.

일본은 이 크나큰 해양과 대륙을 연결하는 위치에 있어, 언뜻 작은 섬나라처럼 여겨집니다만, 유심히 보면, 동북에서 남서에 걸쳐 마치 둥근 구슬처럼 이어져 그야말로 오야시마(大八州)라는 이름에 어울리는 듬직한 모습을 하고 있습니다. 북쪽으로도 남쪽으로도 서쪽으로도 동쪽으로도 쭉쭉 뻗어나가는 힘으로 넘쳐나는 모습을 하고 있습니다.

원래 우리나라는 신이 만들어낸 존귀한 신국으로, 먼 옛날부터 발전되어왔을 뿐만 아니라, 오늘날도, 이후로도, 천지와 더불어 끝없이 번영해가는 나라입니다. 지금까지 외국의 멸시를 받은 적은 한 번도 없었습니다. 먼 옛날은 말할 것도 없고, 근래에는 청일전쟁 및 러일전쟁의 양대 전쟁에 의해 국위를 해외에 찬란하게 빛냈으며, 드디어 만주사변 중일전쟁에서부터 태평양전쟁이 발발함에 따라 더욱더 그 위대한 힘을 전 세계에 알릴 수 있었습니다.

세계에 유례없는 훌륭한 나라이자, 또 뛰어난 국체를 지닌 우리나라는 아시아대륙과 태평양을 거느리며 대동아를 이끌고 지켜나가는 일에 가장 적합한 나라임을 생각하게 합니다.

대동아 여러 나라 중에서도, 우리나라의 서쪽에 이웃하고 있는 만주와 중국은 우리나라와 전적으로 불가분의 관계에 있는 중요한 나라입니다. 특히 신흥 만주는 눈부신 발전을 이루며, 우리나라와 가장 친한 관계에 있습니다. 대륙의 나라 중국은 땅이 넓고 인구도 많은 탓에 좀처럼 통합하기 어려운 나라입니다. 그러나 대다수의 사람들은 이제 우리나라를 의지하고, 힘을 합하여 나아가고 있습니다.

신경(新京)의 대동(大同)거리

더욱이 태평양전쟁 이후 쇼난도(昭南島)를 중심으로 새로이 독립한 필리핀과 또 동인도제도의 여러 섬들이 힘차게 대동아 건설에 가담하고 있습니다.

필리핀의 화산

이들 섬들이 연결된 모습은 우리나라와 매우 유사한데다, 열대성 산물이나 광산물이 풍부하여, 이른바 대동아의 보물창고에 해당되는 곳입니다. 지금까지는 미국, 영국, 네덜란드 등 국가들이 제멋대로 행동해 왔던 까닭에, 주민들은 은밀하게 우리나라의 도움을 기다리고 있었습니다.

그중에서도 쇼난도는 태평양과 인도양을 연결하는 중요한 위치에 있어서, 태평양전쟁이 시작되자 황군은 바로 북쪽 말레이반도에서 공격해 들어가 이를 점령하고, 계속해서 이들 아시아대륙 남동부의 섬들에서 미국, 영국, 네덜란드 세력을 완전히 축출해버렸습니다.

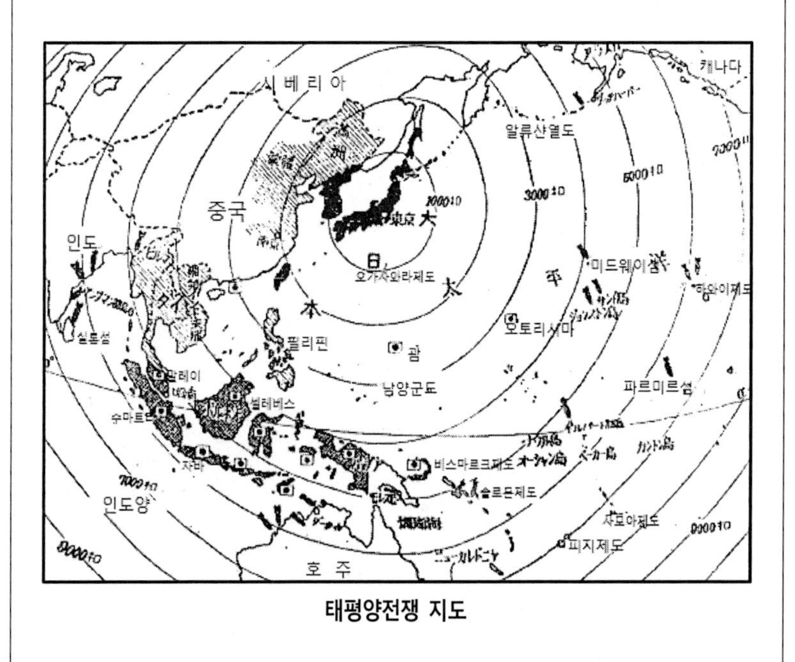

태평양전쟁 지도

말레이에 이어 인도차이나반도에서는 정중앙에 있는 태국이 태평양전쟁이 시작되자, 일찌감치 우리나라와 힘을 합하여, 이윽고 굳은 동맹을 체결한 동맹국이 되었습니다. 인도차이나의 동부지방은 프랑스와 관계 깊은 지방입니다만, 이 나라도 전쟁 전부터 우리 편이 되었고, 경제적으로도 우리나라와 단단히 맺어져 있습니다. 또한 서부지역의 버마는 우리나라의 공략으로 영국 세력이 완전히 축출되어 다시 독립된 국가를 건설하였습니다. 주민들은 우리나라를 매우 신뢰하고, 나아가 대동아 건설에 협력하고 있습니다.

만다레 입성과 버마인의 협력

인도차이나의 서쪽에 있는 나라가 광대한 인도입니다. 오랫동안 영국의 영토가 되어, 대다수의 인도인은 비참한 생활을 계속 해왔습니다만, 이제야 그들에게도 각성하기에 좋은 기회가 온 것입니다. 우리나라의 세력은 이미 인도양에 미치고 있어서, 마침내 인도사람도 서아시아사람들과 함께 아시아 민족으로서 본연의 모습으로 돌아가는 날이 온 것이겠지요.

일본과 만주의 북쪽에는 넓은 시베리아의 한랭한 지방이 있는데, 남사할린에 이어 북사할린과 함께 침엽수 대삼림이 펼쳐져 있습니다. 또 시베리아 동부의 바다는 우리 북양어장으로, 한류성 어종이 많이 잡힙니다. 지시마열도의 북동쪽에는 북양의 중심 캄차카반도가 있으며, 알류샨의 섬들이 줄줄이 알래스카로 이어져, 이윽고 캐나다, 미국 방면으로 연결되어 있습니다.

우리 북양 어업

태평양에는 도처에 작은 섬들이 많이 산재해 있습니다만, 그 중에는 진주만 대폭격으로 유명한 하와이와 우리 오토리지마(大鳥島) 등과 같이 대단히 중요한 지점이 적지 않습니다.

남태평양 한쪽, 우리 동인도제도의 인근에 있는 호주는, 넓은 땅에서 양모와 밀이 많이 생산되는 곳입니다만, 그 남동쪽에 있는 뉴질랜드와 더불어 인구는 매우 적은 지방입니다. 이 나라들은 아직 대동아건설의 참뜻을 알지 못하고, 제멋대로 미국과 영국을 의지하여 반항을 계속하고 있습니다.

1943년(쇼와 18년) 11월 제국수도 도쿄에서 열린 대동아회의에는 우리나라를 비롯하여 만주, 중국, 태국, 버마 및 필리핀 등 대동아 여러 나라의 대표가 모두 참가했습니다. 그리고 대동아의 총력을 모아 태평양전쟁의 완수에 매진할 것을 굳게 맹세하였습니다. 대동아건설의 대업은 바야흐로 우리나라 지도 아래 대동아 사람들의 손으로 나날이 진행되어가고 있습니다.

14. 만주

조선과 서로 이웃하며 우리나라와는 마치 부모자식과도 같은 사이에 있는 나라가 만주입니다. 그 국경을 바라보면, 동북에서 북쪽에 걸쳐 시베리아와의 경계가 길게 이어지며, 일부분 외에는 거의 강에 의해 가로막혀 있습니다. 즉 북쪽으로는 흑룡강(黑龍江)이 있고, 동북으로는 그 지류인 우스리강(ウスリー江)이 있습니다. 북서쪽은 흥안령(興安嶺) 서쪽에 해당하는 호론바이르고원에서 외몽고로 이어지며, 노몬한(하라하강변에 위치한 지명)은 국경 근처에 있습니다.

흑하(黑河)의 도시와 흑룡강(黑龍江)

남서쪽으로는 열하(熱河)지방이 있고, 흥안령에 의해 몽골(蒙彊)과 경계하고 있습니다. 또 북부중국과는 만리장성에 의해 구분되고 있습니다. 바다에 임하는 곳은 남쪽의 일부뿐으로, 그 길목의 앞부분에 우리 관동주(關東州)가 있으며, 대련(大連)은 그 출입구라 할 수 있습니다.

만주는 대략 북위 40도에서 50도에 걸쳐 있기 때문에, 홋카이도나 사할린과 비슷한 정도의 위도에 있고, 신경(新京)은 삿포로(札幌)보다도 조금 북쪽에 해당합니다.

대평원의 나라 · 대륙성기후 만주는 대평원을 한가운데에 둔, 우리나라의 2배 정도나 되는 나라로, 전체의 형태는 큰 마름모꼴을 떠올리게 합니다. 대평원의 남쪽에는 요하(遼河)가 흐르고, 북쪽으로는 흑룡강의 지류인 송화강(松花江)과 눈강(嫩江)이 유유히 흐르고 있습니다. 이들 강의 유역은 모두 하나의 평원으로 이어지고 있으며, 요하 유역을 남만(南滿)이라 하고, 송화강 눈강 등의 유역을 북만(北滿)이라고 합니다. 조선과의 경계는 압록강과 두만강이 흐르고, 이 부근은 산지가 이어지고 있어서 평야는 볼 수 없습니다.

대륙의 일부에 있다는 것과 바다의 영향이 적은 곳으로, 기후는 대륙성 특색을 나타내고 있습니다.

신경의 겨울은 1월의 평균기온이 영하 17도 정도로 내려갑니다만, 삿포로는 영하 6도 정도입니다. 그러나 만주의 겨울은 좋은 날씨가 계속되어 대체로 밝은 느낌이 듭니다. 여름이 되면 이런 북쪽인데도 상당히 더워서, 삿포로보다도 고온입니다.

빙상 운송

비는 연중 여름이 가장 많고, 농산물의 생육에 아주 적당합니다. 그러나 만주는 대체로 비가 적어서, 신경의 강우량을 경성과 비교하면 2분의 1정도밖에 내리지 않습니다. 서쪽으로 감에 따라 점점 비는 적어져서, 이윽고 초원이나 사막도 볼 수 있게 됩니다.

콩과 수수 만주는 세계 제일의 콩 산지로, 전체 만주의 평원에 분포되어 있습니다만, 이는 기후와 토질이 콩에 적합하기 때문입니다. 수수는 북만주보다도 남만주 쪽이 조금 많고, 이것이 성장하면 길이가 높게 뻗어 밭의 조망이 불가능합니다. 콩은 주로 우리나라와 그 외의 지역으로 수출하고 있습니다만, 수수는 거의 국내에서 사용합니다. 콩과 콩기름은 우리나라 사람의 식료품이 되고, 또 공업방면으로도 여러 가지로 도움이 됩니다. 또 콩기름을 얻고 난 후의 콩깻묵도 비료로서 중요합니다.

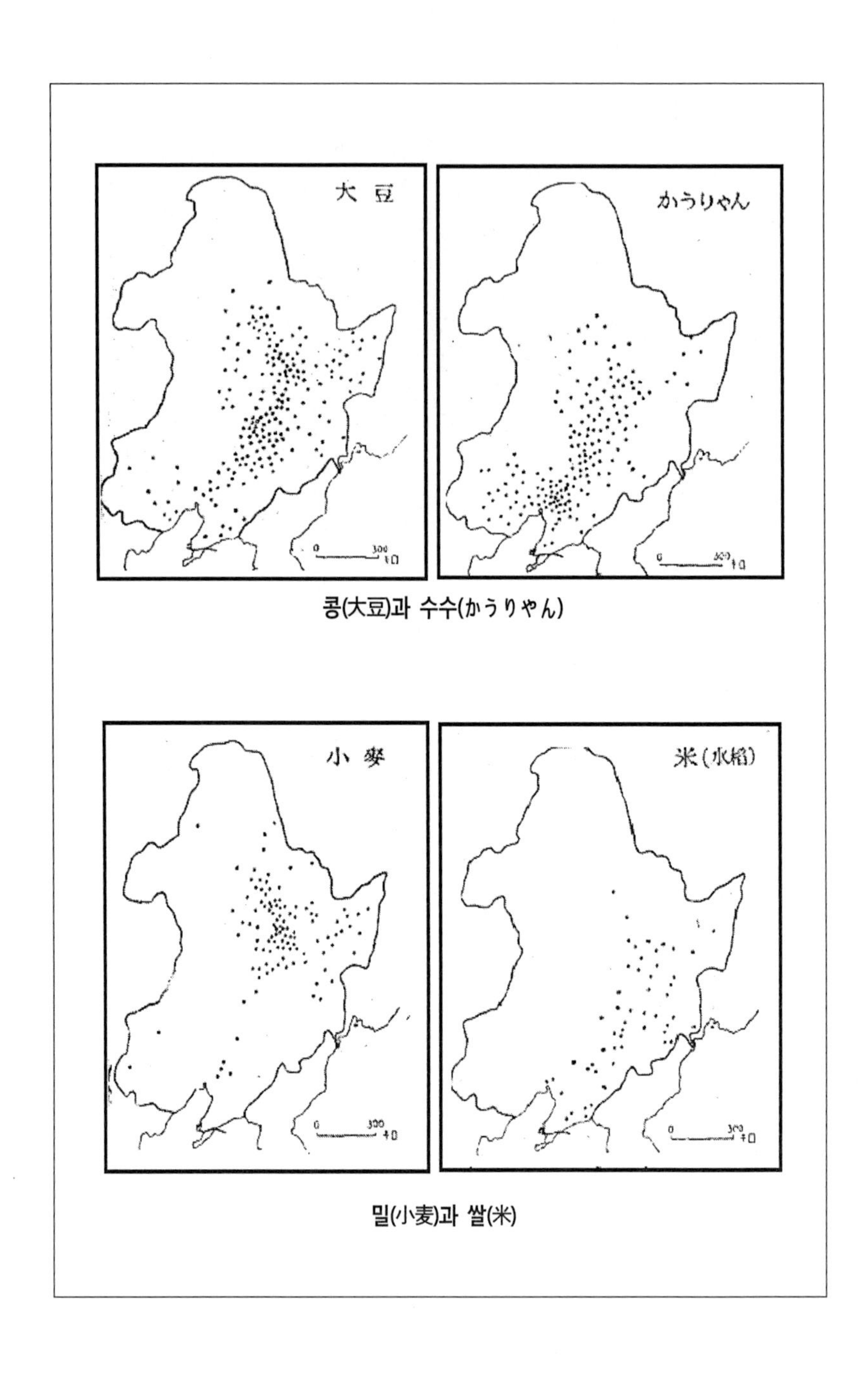

콩(大豆)과 수수(かうりやん)

밀(小麦)과 쌀(米)

콩의 출하

이 외에 조, 옥수수, 밀 등도 많이 수확합니다만, 밀은 비가 적은 북만주에서, 옥수수는 주로 남만주에서 생산됩니다. 쌀은 조선출신자가 많은 만주의 동부에 많고, 최근 우리 개척민의 손으로 사할린과 같은 위도의 주변에까지 재배되게 되었습니다. 면(綿)은 남쪽이 아니면 생산할 수 없습니다.

만주의 서쪽에는 초원이 펼쳐져 있어서, 양을 사육하는 주민의 무리를 곳곳에서 볼 수 있으며, 중요한 양모의 산지를 이루고 있습니다.

조선과의 경계에 가까운 산지나, 북만주의 산지에는 조선소나무, 조선전나무, 조선낙엽송 등의 삼림이 있어서 점차 벌채되고 있습니다. 관동주로 이어지는 해안의 염전도 중요합니다.

석탄과 철 석탄은 만주의 지하에 있는 중요한 자원의 하나로, 약 200억 톤이나 매장된 것으로 추정되고 있습니다.

무순(撫順)의 노천굴

무순(撫順)의 노천굴은 안산(鞍山)의 제철과 더불어 일본인의 뛰어난 기술을 보여주는 것으로 유명합니다.

이 외에도 부신(阜新), 학강(鶴岡), 밀산(密山) 등 대형 탄전이 잇달아 발견되고 있습니다. 철광산은 안산(鞍山), 본계(本溪) 부근과 동변도(東邊道) 방면 등이 있는데, 만주 전체에는 약 30억 톤이나 매장되어 있다고 일컬어집니다.

탄전 · 철광산 · 산금(山金)

안산의 철은 좋은 광석은 아닙니다만, 훌륭하게 제철할 수 있게 되었습니다. 이 밖에 인조석유. 마그네슘, 알루미늄도 생산되고, 금, 은, 사금 등도 생산됩니다.

이처럼 만주에는 석탄과 철이 많고, 또 압록강, 송화강, 경박호(鏡泊湖) 등의 수력발전도 활발해졌기 때문에 갖가지 공업이 봉천(奉天)을 비롯한 남만 각지에 성행하고 있습니다.

일본 · 만주의 연결 도쿄에서 신경으로 가는 길을 지도에서 조사해봅시다. 먼저 도카이도본선 및 산요본선을 거쳐 관부연락선으로 부산에 도달하여, 기차를 타고 조선을 남쪽에서 북쪽으로 달리면, 안동에서 만주로 들어가는 길이 있습니다. 다음으로 일본해를 건너, 북부조선의 항을 거쳐, 신경(新京)으로 가는 길이 있습니다. 이처럼 조선을 통해 가는 것이 주된 길입니다만, 또 하나, 모지(門司)에서 배를 타고 대련(大連)까지 가서, 거기에서 만주로 들어가는 관동주를 경유하는 길도 있습니다.

아시아호

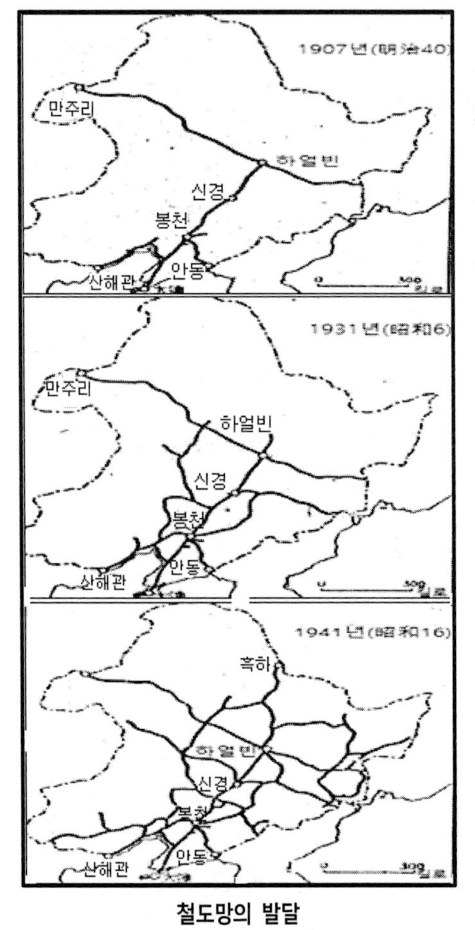

철도망의 발달

도쿄에서 신경까지, 부산을 경유하는 길은 55시간, 다른 두 길은 대개 70시간이 걸립니다. 항공기로는, 직통항로는 6시간 정도에 도착할 수 있습니다.

만주의 철도는 우리 만철(滿鐵), 즉 남만주철도주식회사가 전체를 경영하고 있습니다. 이것은 러일전쟁 이후 머잖아 대련에서 신경까지의 철도, 그 밖에 여러 가지 경영권을 인수하여 숱한 고심 끝에 오늘날의 기초를 구축해 낸 것입니다. 대련에서 신경까지 700킬로미터를 9시간 반에 달리는 특급 아시아호는 빠른 속도와 쾌적한 승차감으로 유명합니다.ⅴ

신경과 봉천 만주의 주요 도시가 교통과 깊은 관계가 있는 것은, 지도를 보아도 알 수 있습니다. 봉천, 사평(四平), 신경, 하얼빈, 길림, 모란강(牡丹江), 치치하르, 금현(錦縣) 등은 좋은 본보기가 되겠지요. 그 중에서도 3월 10일의 대전투(大會戰)로 유명한 봉천은 남만주의 중심지이며, 지금은 번창한 상공업도시로 발달하여 이른바 만주의 오사카에 해당하는 도시가 되었습니다. 옛 성(城)안과 우리나라 사람이 조성한 신시가지, 공장이 많은 지역 등 3군데로 조성되어 있으며, 인구 약 120만을 헤아리고 있습니다.

봉천역 앞길

신경은 만주의 수도로, 만주 전체의 중심부에 해당되며, 정치도시로 교통도 편리합니다. 만주국 황제는 이곳에 거하고, 우리 전권대사도 이곳에 있습니다. 옛날, 장춘(長春)이라 했던 곳이 우리나라 건축기사에 의해 도시계획이 새로이 시행되어, 그 규모는 세계에서도 전례가 없을 만큼 훌륭합니다.

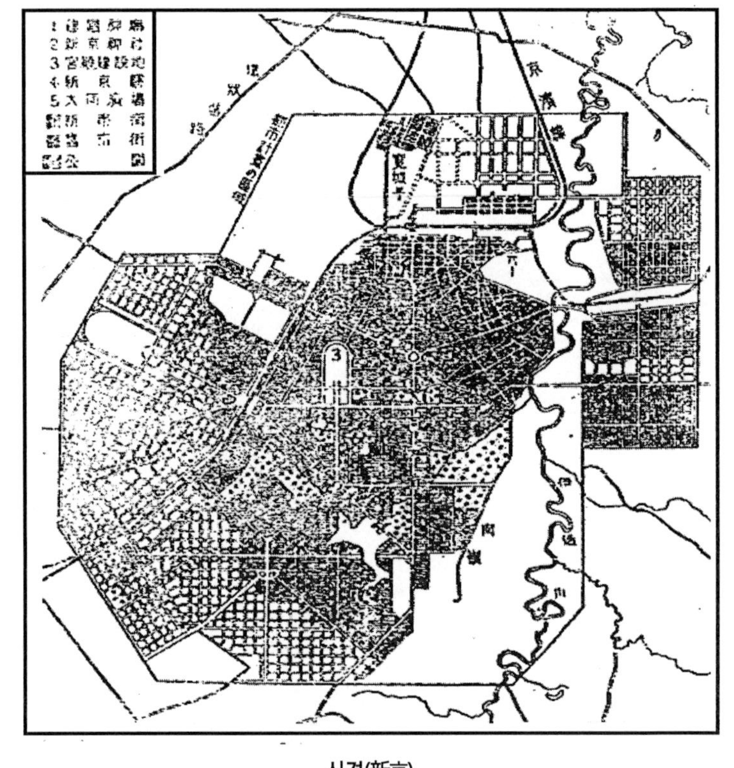

신경(新京)

지금의 신경(新京)(上)과 10년 전의 신경(新京)(下)

하얼빈은 북만주의 중심지로, 여름에는 이곳에서 송화강을 기선으로 이동할 수 있으며, 겨울에는 빙상수송도 행해집니다. 안동과 도문(圖們)은 조선과 경계에 있는, 이른바 만주의 육로 입구이며, 영구(營口)는 요하의 어귀에 있는 만주다운 마을입니다. 열하지방에는 승덕(承德)이 있어 중심지가 되고 있습니다. 만주리(滿洲里)와 흑하(黑河)는 시베리아와 경계에 있는 마을로, 교통이나 군사상으로 중요한 곳입니다.

만주 주민과 우리 개척민 만주에는 4,300백만 명의 사람들이 즐겁게 생활하고 있습니다만, 그 대부분은 만주사람으로, 최근 100여년 사이에 북부중국 방면에서 이주한 사람들입니다. 옛날부터 만주에 살고 있는 사람들은 260~270만 명으로, 동부에 많고, 몽고인(蒙古人)은 대개 서부에 살고 있습니다.

일본인은 대략 내지인이 약 80만, 조선인이 150만 정도입니다. 특히 농업 방면에서는, 향후 20년 동안 내지인 개척민 500만 명을 보낼 계획에 있고, 그것이 점차 실행되고 있습니다. 만주국이 건국된 1932년 송화강 강변에 있는 가목사(佳木斯) 부근으로 제1차 개척민을 보낸 후, 지속적으로 개척민을 보내어, 숱한 고생 끝에, 지금은 훌륭한 개척촌이 곳곳에 건설되고 있습니다.

개척민의 집

개척민 외에도, 1938년(쇼와13년)부터는 나라를 생각하는 건강한 내지 청소년들이 매년 용감하게 만주로 건너가서, 만주개척청년의용대에 입대하여 약 3년간 현지에서 실지훈련을 받고 나서, 개척민의 중심이 되어 활동하고 있습니다.

경작하는 의용대원

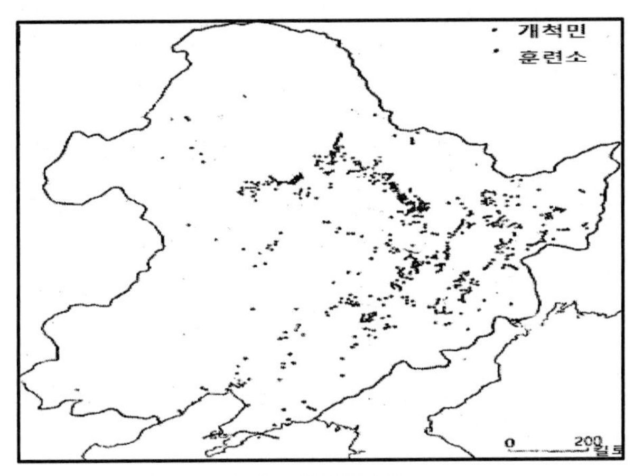

우리 개척민의 분포

조선에서 이주하여 논을 넓히고, 콩을 경작한 개척민은 간도성을 중심으로 동부만주에 많습니다. 그러나 내지에서도 활발하게 이주하고 있는 것을 고려한다면, 조선은 만주와 육지로 연결되어 있고, 풍토도 만주와 비슷하기 때문에 더욱더 많은 이민자를 보내지 않으면 안 됩니다.

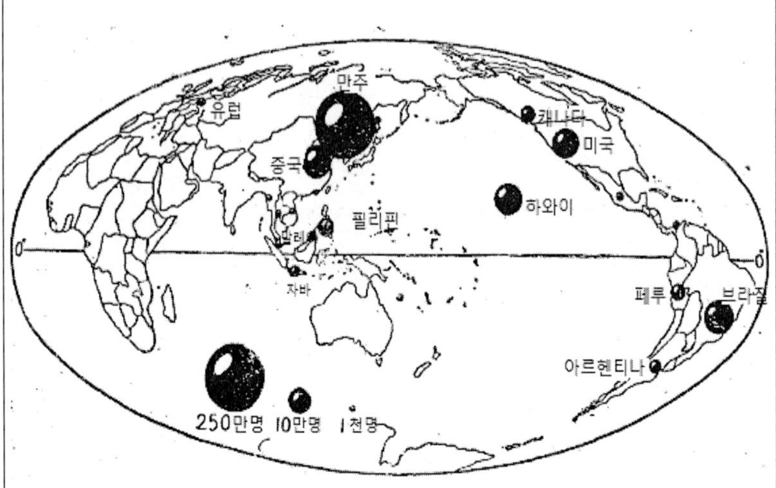

세계에 살고 있는 일본인(태평양전쟁 이전)

만주국의 탄생 만주는 예로부터 우리나라와 관계가 깊습니다만, 러시아가 남하하여 만주를 짓밟고 조선을 위협하였기 때문에, 일본은 동양평화를 위하여 용감하게 일어섰습니다. 이렇게 해서 일어난 러일전쟁에서 충성스럽고 용감한 10만의 장병을 잃고, 막대한 국비를 소비하여 러시아를 북쪽으로 쫓아버렸습니다.

그 후, 중국은 잘못된 항일사상에 사로잡혀 우리나라를 업신여겼기 때문에 1931년 9월 만주사변이 일어났고, 그 결과 만주국이 탄생했습니다.

그 후, 이 나라는 우리나라와 굳은 동맹을 맺고, 한마음 한뜻이 되어 새로운 동아의 건설에 진력하고 있습니다. 만주국 황제는 건국신묘(建國神廟)에 아마테라스 오미카미(天照大神)를 모시어, 우리 황실에 깊은 유대감을 드러내고 있습니다. 우리들 일본인은 앞으로 더욱더 진심으로 만주국 사람들을 이끌어, 이 나라의 성장을 지켜주지 않으면 안 됩니다.

부 록

도(都)부(府)현(縣) 이름	관할구역	도(都)부(府)현(縣)청 소재지	부(府)현(縣)의 이름	관할구역	부(府)현(縣)청 소재지
도쿄도(東京都)	무사시노지방(武藏野國) 일부분 이즈7도(伊豆七島) 오가사와라군도(小笠原群島)	도쿄도(東京都)	이바라기현(茨城縣)	히타치지방(常陸國) 가즈사지방(下總國) 일부분	미토시(水戸市)
가나가와현(神奈川縣)	무사시노지방(武藏野國) 일부분 사가미지방(相模國)	요코하마시(橫濱市)	시즈오카현(靜岡縣)	쓰루가지방(駿河國) 이즈지방(伊豆國) 대부분 도도미지방(遠江國)	시즈오카시(靜岡市)
지바현(千葉縣)	시모후사지방(下總國) 대부분 가즈사지방(上總國) 아와지방(安房國)	지바시(千葉市)	아이치현(愛知縣)	오하리지방(尾張國) 미카와지방(三河國)	나고야시(名古屋市)
사이타마현(埼玉縣)	무사시노지방(武藏野國) 일부분	우라와시(浦和市)	기후현(岐阜縣)	미노지방(美濃國) 히다지방(飛驒國)	기후시(岐阜市)
군마현(群馬縣)	고즈케노지방(上野國)	마에바시시(前橋市)	미에현(三重縣)	이세지방(伊勢國) 이가지방(伊賀國) 시마지방(志摩國) 기이지방(紀伊國) 일부분	쓰시(津市)
도치기현(栃木縣)	시모쓰케지방(下野國)	우쓰노미야시(宇都宮市)			

현·부	지방	시
시가현(滋賀縣)	오미지방(近江國)	오쓰시(大津市)
교토부(京都府)	야마시로지방(山城國) 단바지방(丹波國) 대부분 단고지방(丹後國)	교토시(京都市)
나라현(奈良縣)	야마토지방(大和國)	나라시(奈良市)
오사카부(大阪府)	셋쓰지방(攝津國) 대부분 가와치지방(河內國) 이즈미지방(和泉國)	오사카시(大阪市)
효고현(兵庫縣)	셋쓰지방(攝津國) 일부분 단바지방(丹波國) 일부분 다니마지방(但馬國) 하리마지방(播磨國) 아와지지방(淡路國)	고베시(神戶市)
와카야마현(和歌山縣)	기이지방(紀伊國) 대부분	와카야마시(和歌山市)
오카야마현(岡山縣)	비젠지방(備前國) 미마사카지방(美作國) 빗추지방(備中國)	오카야마시(岡山市)
히로시마현(廣島縣)	아키지방(安藝國) 빈고지방(備後國)	히로시마시(廣島市)

현	지방	시
야마구치현(山口縣)	스호지방(周防國) 나가토지방(長門國)	야마구치시(山口市)
도쿠시마현(德島縣)	아와지방(阿波國)	도쿠시마시(德島市)
가가와현(香川縣)	사누키지방(讚岐國)	다카마쓰시(高松市)
에히메현(愛媛縣)	이요지방(伊豫の國)	마쓰야마시(松山市)
고치현(高知縣)	도사지방(土佐國)	고치시(高知市)
후쿠오카현(福岡縣)	지쿠젠지방(筑前國) 지쿠고지방(筑後國) 부젠지방(豐前國) 일부분	후쿠오카시(福岡市)
사가현(佐賀縣)	히젠지방(肥前國) 일부분	사가시(佐賀市)
나가사키현(長崎縣)	히젠지방(肥前國) 일부분 이키지방(壹岐國) 쓰시마지방(對馬國)	나가사키시(長崎市)
구마모토현(熊本縣)	히고지방(肥後國)	구마모토시(熊本市)
오이타현(大分縣)	분고지방(豐後國) 부젠지방(豐前國) 일부분	오이타시(大分市)

현	지방	시
미야자키현(宮崎縣)	휴가지방(日向國)	미야자키시(宮崎市)
가고시마현(鹿兒島縣)	사쓰마지방(薩摩國) 오스미지방(大隅國)	가고시마시(鹿兒島市)
오키나와현(沖繩縣)	류큐지방(琉球國)	나하시(那覇市)
니가타현(新潟縣)	에치고지방(越後國) 사도지방(佐渡國)	니가타시(新潟市)
도야마현(富山縣)	엣추지방(越中國)	도야마시(富山市)
이시카와현(石川縣)	가가지방(加賀國) 노토지방(能登國)	가나자와시(金澤市)
후쿠이현(福井縣)	에치젠지방(越前國) 와카사지방(若狹國)	후쿠이시(福井市)
돗토리현(鳥取縣)	이나바지방(因幡國) 호키지방(伯耆國)	돗토리시(鳥取市)
시마네현(島根縣)	이즈모지방(出雲國) 이와미지방(石見國) 오키지방(隱岐國)	마쓰에시(松江市)

현	지방	시
나가노현(長野縣)	시나노지방(信濃國)	나가노시(長野市)
야마나시현(山梨縣)	가이지방(甲斐國)	고후시(甲府市)
후쿠시마현(福島縣)	이와시로지방(岩代國) 이와키지방(磐城國) 대부분	후쿠시마시(福島市)
미야기현(宮城縣)	리쿠젠지방(陸前國) 대부분 이와키지방(磐城國) 일부분	센다이시(仙臺市)
이와테현(岩手縣)	리쿠추지방(陸中國) 대부분 리쿠젠지방(陸前國) 일부분 무쓰지방(陸奧國) 일부분	모리오카시(盛岡市)
아오모리현(靑森縣)	무쓰지방(陸奧國) 대부분	아오모리시(靑森市)
야마가타현(山形縣)	우젠지방(羽前國) 우고지방(羽後國) 일부분	야마가타시(山形市)
아키타현(秋田縣)	리쿠추지방(陸中國) 일부분 우고지방(羽後國) 대부분	아키타시(秋田市)

행정청 이름	관할 구역	행정청 소재지
홋카이도청(北海道廳)	오시마지방(渡島國)·시리베시지방(後志國)·이시가리지방(石狩國)·데시오지방(天鹽國)·기타미지방(北見國)·니부리지방(膽振國)·히타카지방(日高國)·도카치지방(十勝國)·구시로지방(釧路國)·네무로지방(根室國)·지시마지방(千島國)	삿포로시(札幌市)
사할린청(樺太廳)	가라후토(樺太島)의 북위 오십도 이남 지역	도요하라시(豐原市)
타이완총독부(臺灣總督府)	타이완(臺灣) 및 그 부속섬島·호코제도(澎湖諸島) 및 신난군도(新南群島)	다이페이시(臺北市)
남양청(南洋廳)	카로린군도(カロリン群島)·알류샨군도(マーシャル群島) 및 마리아나군도(マリヤナ群島)	콜로르섬(コロール島)
조선총독부(朝鮮總督府)	조선반도(朝鮮半島) 및 그 부속섬	경성부(京城府)
관동주청(關東州廳)	관동주(關東州)	대련시(大連市)

조선지방 도이름 및 도청소재지

경기도(경성부)	충청북도(청주읍)	충청남도(대전부)	전라북도(전주부)	전라남도(광주부)
경상북도(대구부)	경상남도(부산부)	황해도(해주부)	평안남도(평양부)	평안북도(신의주부)
강원도(춘천읍)	함경남도(함흥부)	함경북도(청진부)		

初等地理五年

定價金二十九錢

昭和十九年三月二十五日翻刻印刷
昭和十九年三月二十八日翻刻發行

本書ノ本文並ニ寫眞・地圖ハ陸軍省海軍省ト協議濟

著作權所有

著作兼發行者　朝鮮總督府

京城府龍山區大島町三十八番地
翻刻發行兼印刷者　朝鮮書籍印刷株式會社
代表者　諏訪務

京城府龍山區大島町三十八番地
發行所　朝鮮書籍印刷株式會社

조선총독부편찬(1944)

『초등지리』

(제6학년)

初等地理

第六學年

朝鮮總督府

〈목차〉

1. 중국

중국을 지도에서 보면 동쪽부분만 바다에 접해 있고, 그곳에 큰 평야와 강어귀가 있으며, 서쪽은 큰 고원, 대사막, 큰 산맥 등이 이어지고 있는 것을 알게 됩니다. 주요 강은 서쪽의 고원에서 발원하여 대개 동쪽을 향해 바다로 흘러들어갑니다.

중국의 지형

북쪽을 흐르는 강은 황하(黃河)로, 그 유역을 북부중국이라 하며, 한가운데를 흐르는 강은 양자강(揚子江)으로, 그 유역을 중부중국이라 하며, 남쪽을 흐르는 강은 주강(珠江)으로, 그 유역을 남부중국이라 부릅니다. 그리고 이들 강의 유역을 일괄하여 대개 중국본부(中國本部)라 하는데, 서쪽 고원지대와는 저절로 구별되어 있습니다.

3개의 강 가운데서도 가장 중요한 강은 양자강으로, 강폭이 넓은 점, 유역이 크다는 점, 유역에 사람이 많이 살고 있다는 점 등에서, 세계에서 그다지 유례가 없을 만큼 대단합니다.

황하의 하류에는 북부중국의 대평원이 있는데, 이것도 우리 조선이 대략 그 안에 포함되어버릴 정도의 크기입니다. 우리나라와 비교하면 중국은 강이나 평야나 산지도 모두가 대규모이며, 대륙적입니다.

동쪽의 바다는, 황해(黃海), 동중국해(東支那海), 남중국해(南支那海) 등으로 나뉘어있습니다만, 모두 소위 일본의 내해(內海)로서, 일본 중국 간의 연락을 편리하게 하고 있습니다.

일본과 만주・몽골・중국의 겹치는 곳

위의 지도에서처럼, 일본과 중국을 서로 겹쳐 보면, 북부중국이 있는 곳은 우리 아오모리에서 도쿄까지에 해당하며, 중부중국이 있는 곳은 규슈에 해당되고, 남부중국이 있는 곳은 대만에 해당되고 있습니다. 따라서 기후도, 우리나라와 중국은 대개 이 위치에 따라 비교할 수 있습니다.

북부중국은 비도 적고 기온도 낮습니다만, 중부중국에서 남부중국에 걸친 지역은 남쪽으로 갈수록 점점 비도 많아지고, 기후도 따뜻하여, 결국에는 대만과 같은 아열대성 기후를 나타냅니다. 다만 대륙인 까닭에 북부중국 등은 우리나라보다 오히려 만주와 유사한 점이 있어서, 여름과 겨울은 더위와 추위가 심한 것이 그 특징입니다. 오지의 대고원은 완전히 내륙에 있기 때문에, 극심한 대륙성기후를 나타내며, 비가 없는 곳은 넓은 사막을 이루고 있습니다.

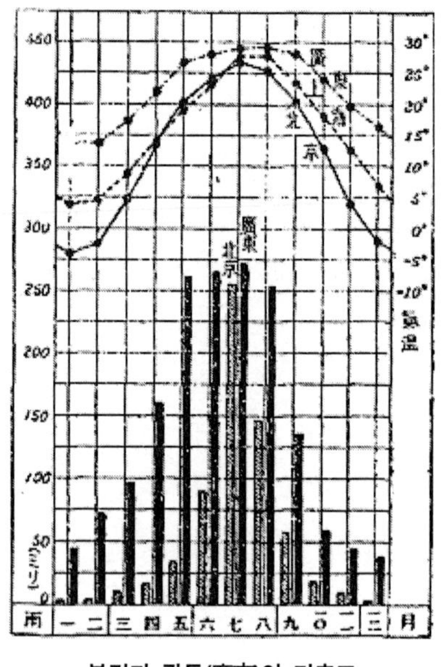

북경과 광동(廣東)의 기후표

넓이는 본 중국만도, 우리나라의 7배 정도이며, 인구도 약 4배 정도입니다. 우리나라는 이 거대한 중국과 협력하여 대동아를 건설하기 위해 대단히 노력을 하고 있습니다.

북부중국의 자연과 산물 북부중국은 북중국평야와 그 동쪽으로 돌출된 산동반도 및 산서지방 이서(以西)의 고원으로 이루어져 있습니다. 만주, 몽골(蒙疆)과 직접 국경을 접하고 있어서, 정치적으로 특히 중요한 지역입니다.

이 지역 일대는 황토로 덮여있으며, 산서(山西)방면으로는 상당히 두껍게 퇴적되어 있는 곳이 있습니다. 이것은 몽고와 몽고 서쪽방면에서 바람에 의해 운반되어져 온 것이라고 일컬어지고 있습니다. 황하와, 그 흘러들어가는 황해는 황토를 포함하고 있기 때문에 누렇습니다. 황토층은 부드럽고 비옥하여, 도처에 밭을 이루고 있습니다. 산 정상까지 경작되고 있는 곳도 있는가 하면, 낭떠러지 부분에 조그맣게 집을 지어 사람이 살고 있는 곳도 있습니다.

황토층 산지

이 황토가 황하와 백하(白河, 북부중국 하북(河北)성에서 발원하여 발해만으로 흐르는 강)의 물로 운반되어 생긴 북중국

평야입니다. 토지는 대체로 비옥하여 농업이 이루어지고, 토지도 일찍부터 개발되었기 때문에 중원(中原)이라 불려왔습니다. 다만 곤란한 것은 대홍수로 황하의 흐름은, 어느 때는 산동반도의 남쪽으로, 어느 때는 북쪽으로 번번이 바뀌므로, 북중국 평야의 사람들은 그때마다 골치 앓았던 적이 한두 번이 아닙니다.

이 평야의 기후는 만주와 비슷한 대륙성입니다만, 여름은 비교적 비가 내리기 때문에 농산물이 많고, 그 종류도 거의 만주와 일치합니다. 이를테면 밀, 콩, 수수, 조, 옥수수, 땅콩 등을 많이 생산합니다. 면(綿)은 남쪽지방인만큼 만주보다는 훨씬 많이 재배되어, 이 지역의 중요한 산물로 되어 있습니다.

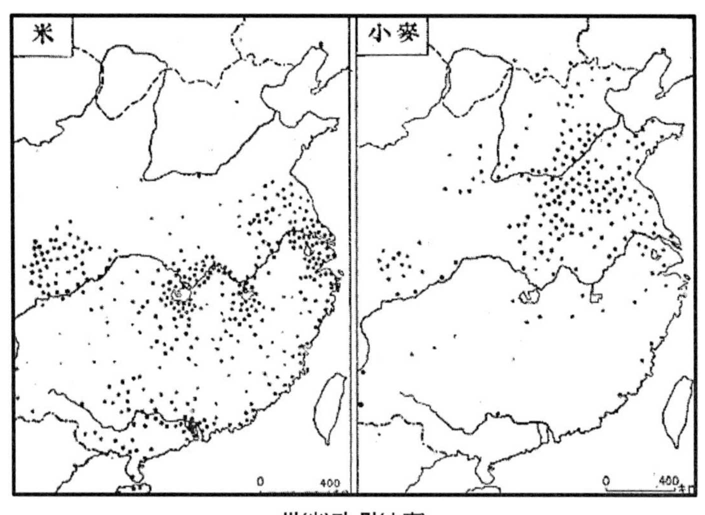

쌀(米)과 밀(小麥)

그러나 대체로 비는 적은편이며, 땅도 메말라 있는 편이라, 지금까지 쌀은 거의 재배되지 않았습니다. 또 연중 가뭄기 때문에 밭작물의 수확이 없었던 적도 있었습니다. 이렇게 가뭄거나 홍수가 난 해에는 주민들은 일자리를 찾아서 타지방으로 나가는 사람이 많은 까닭에 만주로 이주한 중국인도 적지 않습니다.

북부중국에는 만주와 마찬가지로 말, 당나귀가 많으며, 그것들은 운반 또는 경작 등에 사용되고 있습니다. 중국인이 식용으로 하는 돼지는, 전 지역에서 널리 사육되며, 산동방면의 소는 우리나라에도 식용으로 송출됩니다. 양은 주로 몽골(蒙疆) 인근의 비가 적은 지역에서 사육되고 있습니다.

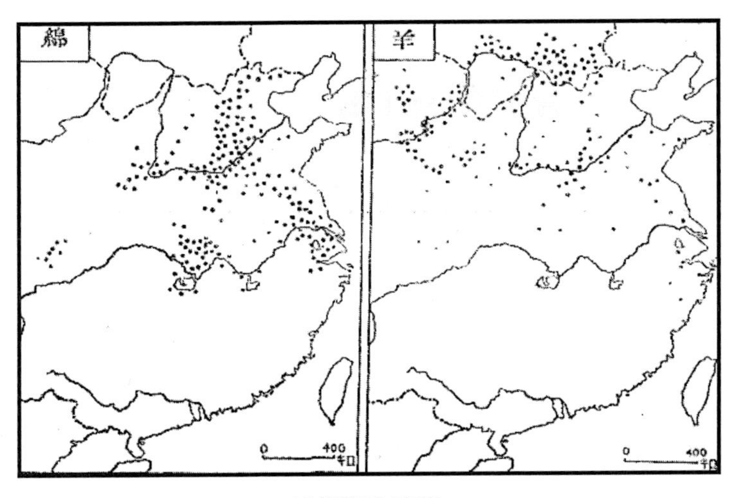

면화(綿)와 양(羊)

북부중국의 석탄은 전 중국의 80%, 철은 전 중국의 절반으로 추정되며, 가장 중요한 자원으로 되어 있습니다. 발해(渤海) 연안은 멀리까지 수심이 얕고 비가 적으며 바람이 자주 부는 곳으로, 관동주나 조선과 마찬가지로 천일제염이 활발히 행해져, 공업염으로서 우리나라에 많이 수입되고 있습니다.

북경(北京)·천진(天津)·청도(靑島) 북부중국방면에는 이전부터 우리나라 사람들이 많이 살며 각 방면으로 활약하고 있습니다. 최근에는 특히 북경, 천진, 청도, 제남(濟南), 석문(石門), 태원(太源) 등에 많이 살고 있습니다.

북경(北京)의 내성

북경은 북부중국 정치의 중심지이며, 원(元) 청(淸)시대의 도읍이어서 인구 약 160만을 헤아리는 대도시입니다. 대규모 성곽으로 둘러싸인 내성(內城)에는 훌륭한 궁전과 성문, 그밖에 대형 건축물이 남아 있습니다. 부산에서 출발하는 급행열차는 내성의 정양문(正陽門)까지 직행합니다. 우리나라 사람들은 주로 이 내성에 살고, 그 수가 날로 증가하고 있습니다. 외성(外城)은 내성의 남쪽에 접해 있으며, 상점이 많은 곳입니다. 시가지는 대체로 수목이 많고, 바둑판과 같이 잘 정돈되어 있습니다.

북경에서 140킬로미터 떨어져 있는 천진(天津)은 백하(白河) 어귀에서부터 70킬로미터 정도 들어간 곳에 있는 항구로, 북부 중국 일대의 출입구로서 번영하였고, 대운하는 이곳에서 시작됩니다. 우리나라 사람이 경영하는 방적, 제분회사 등이 있어서 활발하게 활동하고 있습니다.

천진(天津)의 선착장

당호(塘沽)는 천진의 외항이고, 진황도(秦皇島)는 개란(開灤) 탄전에서 생산하는 석탄의 선적항이며, 산해관(山海關)은 만주와의 접경도시로, 만리장성은 여기서부터 시작됩니다.

천진에서부터 남쪽으로 철도가 수직으로 달리는데, 이 철도 연선에 제남(濟南)과 서주(徐州) 등의 도시가 있습니다. 제남의 남쪽 곡부(曲阜)에는 공자의 묘가 있으며, 서주는 중일전쟁 2년째인 1938년 5월에 유명한 대전투가 치러졌던 곳입니다. 제남에서 갈라져 청도(靑島)로 향하는 철도의 연선에는 일찍부터 우리나라와 관계가 깊었던 탄전이 있습니다.

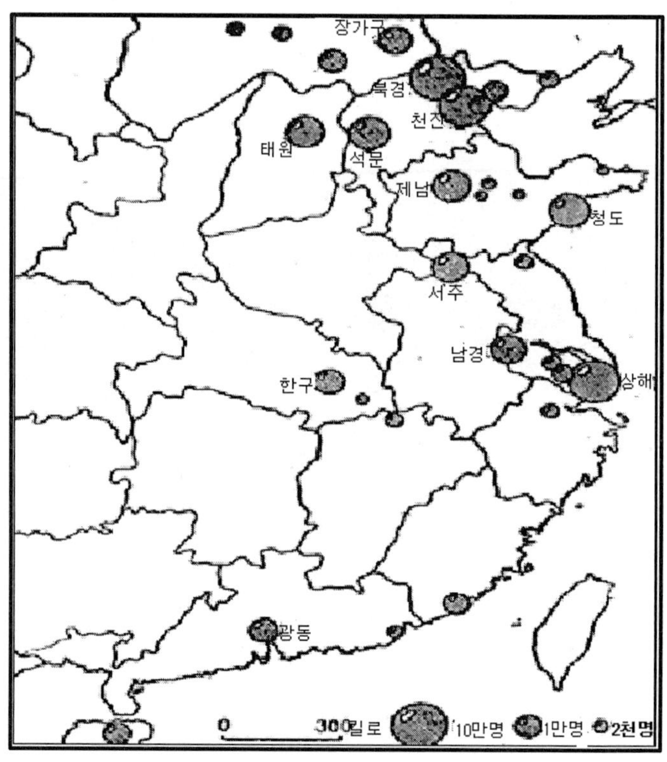

중국에 사는 우리나라 인구의 분포

청도(靑島)는 북부중국 제2의 무역항으로, 천진과 마찬가지로 우리 방적공장이 많고, 성냥, 고무 등의 제조도 행해지고 있습니다. 산동반도의 북쪽에 있는 지부(芝罘)라는 좋은 항구는 청도와 함께 이 방면 이민자들의 주된 출입구가 되고 있습니다.

북경에서 남쪽 한구(漢口) 방면으로 향하는 철도 연선에는 석문(石門)과 정주(鄭州) 등의 도시가 있습니다. 석문에서 서쪽으로 가는 철도는 산서(山西)의 중심인 태원(太源)으로 갑니다. 산서방면은 중국에서 석탄, 철이 가장 많이 매장되어 있는 지방입니다. 석문 근처에는 정경(井徑)탄전이 있습니다. 정주(鄭州)에 가까운 개봉(開封)과 하남(河南)은, 동관(潼關) 서쪽의 서안(西安) 등과 함께, 4천년 중국역사를 이야기하는 오래된 도읍이 있었던 곳입니다. 하남(河南)은 옛날에 낙양(洛陽)으로, 서안은 장안(長安)이라 불렸던 적이 있습니다. 서안으로부터 서쪽으로 향하는 중요한 도로가 이어지고, 난주(蘭洲)와 그 밖의 마을을 거쳐 멀리 유럽으로도 통하고 있습니다.

중부중국의 수운(水運)과 산물 양자강의 수운은 편리하기로는 세계 제일입니다. 강어귀에서부터 1,300킬로미터 떨어진 한구(漢口)까지, 여름 증수기(增水期)에는 10,000톤급 기선이 올라오고, 겨울 감수기(減水期)에도 4,000톤급 기선이 올라옵니다. 더욱이 한구에서 의창(宜昌)을 거쳐 1,200킬로미터 상류인 중경(重慶)까지, 증수기에는 1,000톤급의 배가, 감수기에도 300톤급의 배가 다닙니다. 여름 남동풍이 불 무렵에는 비가 많이 내려서 물이 많아지고, 겨울에는 북서풍이 불 무렵에 비가 적게 내려서 물이 줄어듭니다. 증수(增水)와 감수(減水)의 차이는, 한구(漢口)에서는 12미터에 달하여, 감수기가 되면 강변이 급한 낭떠러지가 되기 때문에, 남경(南京), 한구 등 주요 선착장에는 대규모 부교(浮桟橋)를 설치하여, 거기에 기선을 정박할 수 있게 하고 있습니다.

한구(漢口) 부잔교(浮桟橋)

상해(上海)는 양자강 수운의 기점으로 되어있습니다만, 그것은 양자강 하구에 가까운 오송(吳淞)으로 흘러들어가는 지류인 황포강(黃浦江)으로 향하고 있습니다.

중부중국은 이러한 수운의 혜택으로 일대에 산업이 번성하여, 인구도 매우 많이 모여들고 있습니다. 기후도 북부중국보다 따뜻하고 비도 많아, 쌀을 비롯하여 면, 차, 대마, 담배 등을 많이 생산하며, 또 우리나라처럼 양잠도 행해지고 있습니다. 양자강 중류인 대야(大冶)와 하류에 가까운 도충(桃沖) 등에는 철광산이 있어서, 일찍부터 우리 야하타(八幡)제철소로 광석을 보내고 있습니다. 상해와 한구는 근대공업도 활발하게 이루어지고 있습니다.

상해(上海)·남경(南京)·한구(漢口) 중국 제일의 큰 무역항인 상해는 인구 500만으로, 동아시아 유수의 대도시입니다. 우리나라 사람들은 대략 10만을 헤아리며, 게다가 나날이 증가하고 있습니다. 나가사키에서 거의 하루 밤낮을 걸려 도달하며, 선박의 연결은 지극히 편리합니다. 공업이 번성하고, 우리나라 사람들이 경영하는 방적업도 매우 발달되어 있습니다. 대부분의 위치가 중국의 중앙부에 있으므로, 이 항구가 중계지가 되어, 동아시아 각지와 양자강 유역 항구들과 거래를 하여, 중일전쟁 이전에는 전체 무역의 60%를 차지하고 있는 양상이었습니다.

상해(上海)의 강변

상해의 교외에는 수로가 수없이 많으므로, 그 사이로 논이나 목화밭이 많고, 묘지나 대숲 등도 곳곳에서 볼 수 있습니다. 상해사변이나 중일전쟁 당시의 격전을 떠올리게 하는 전적지도 여기저기 남아 있습니다. 상해 남서쪽에는 항주(抗州)가 있고, 북서쪽으로는 소주(蘇州)가 있습니다. 철도는 소주를 지나 남경(南京)으로 갑니다.

남경은 새로운 국민정부가 있는 곳으로, 옛날부터 여러 차례 중국의 도읍이었던 까닭에, 훌륭한 성곽을 지닌 도시입니다. 중산(中山), 광화(光華), 중화(中華), 현무(玄武) 등 16개의 성문을 헤아리는데, 용감한 황군은 이러한 문들을 어떤 때는 돌파하고, 어떤 때는 타고 넘어서 성 안으로 진군하였습니다. 남경의 건너편 포구에는 천진(天津)에서 출발하는 철도도 연결되어 있습니다.

남경(南京)

남경에서부터 양자강을 거슬러 올라가면 파양호(鄱陽湖)가 있어서, 부근에 드넓은 평야가 펼쳐져 있습니다. 남창(南昌)은 그 중심지이며, 이곳에서부터 동쪽은 항주로, 서쪽은 장사(長沙)로 연결되는 철도가 있습니다.

양자강 상류

양자강 중류에 있는 한구(漢口)는 한양(漢陽), 무창(武昌)과 함께 무한삼진(武漢三鎭)이라 일컫는데, 황군은 중일전쟁 2년(1938년) 10월에 이곳을 점령했습니다. 북쪽은 북경에서, 남쪽은 광동(廣東)에서 철도가 통하는 중부중국의 큰 중심지입니다. 상해에서 한구까지는 도쿄·시모노세키 구간보다도 거리가 길어, 기선으로 보통 4일 걸립니다. 우리나라 사람들은 중일전쟁 이전부터 이곳에 많이 살고 있으며, 각 방면에서 활약하고 있습니다. 한구의 남서쪽에는 유명한 동정호(洞庭湖)가 있어서, 여름철 증수기에는 자연저수지의 역할을 합니다. 남부의 산지에서는 텅스텐, 안티몬 등을 생산합니다. 의창(宜昌)에서 서쪽은, 양쪽으로 산이 좁혀지고, 강도 급류인 곳이 있습니다. 더 거슬러 올라가면 사천(四川)지방의 중심인 중경(重慶)에 도달합니다. 오늘날 여전히 미개한 중국인들이 모여 있는 곳으로, 수차례 우리 용감한 전투기의 폭격을 받고 있습니다.

사천지방은 주위가 산으로 둘러싸여 있으며, 거의 우리나라 내지 면적 정도의 큰 분지로, 농산물과 광산물도 풍부하여, 옛날부터 특별한 지역을 이루고 있습니다. 성도(成都)는 이 분지의 한 중심지로, 서강성(西康省)과 티베트 방면의 입구에 해당합니다.

아열대 남부중국 남부중국은 주강(珠江)유역과 타이완해협을 마주한 지방을 가리키며, 중부중국과는 일대의 산지에 의해 분리되고 있습니다. 기후는 아열대성을 나타내며, 중부중국보다 한층 따뜻한데다 비도 많아서, 평야에서는 쌀, 차, 사탕수수, 담배 등을 생산하고, 바나나와 파인애플도 나며, 대나무와 녹나무 등도 잘 자란다는 점에서 대만과 거의 비슷합니다. 양잠도 행해지고 있습니다만, 대체로 산지가 발달하여 평지가 적은데다 인구가 너무 많기 때문에, 해마다 남쪽 여러 지방으로 돈벌이 나가는 사람들이 적지 않습니다. 이들이 화교(華僑)라 불리는 사람들입니다.

광동(廣東)시가지와 작은 배

주강(朱江)의 삼각주에 있는 광동(廣東)은 남부중국 물자의 대규모 집산지로, 인구 약 120만을 헤아립니다. 남부중국에는 우리나라 사람도 가장 많이 살고 있습니다. 물 위에는 작은 배에서 생활하는 사람들이 30만에 미치며, 수향(水鄕)에 어울리는 정취를 드러내고 있습니다.

광동에서 가까운 홍콩(香港)은 그 위치가 좋아, 100년 동안 영국의 동아시아에서의 중요한 근거지 중 하나가 되어있었습니다. 산세가 아름다운 홍콩섬과 구룡반도 사이의 수로가, 천혜의 좋은 항입니다. 상해와 마찬가지로 중계무역이 활발히 이루어지고 있었습니다만, 태평양전쟁이 시작되자, 황군은 순식간에 이를 공략하여, 이후 새롭게 대동아건설을 위한 요충지로서 중요한 역할을 다하고 있습니다.

홍콩 하늘의 입성

타이완해협과 마주한 하문(厦門), 복주(福州), 선두(汕頭) 등은 화교와도 관계가 깊은 항구입니다.

해남도(海南島)는 타이완과 같은 크기의 섬으로, 우리나라 사람들에 의해 철과 석탄이 발견되어 활발히 채굴되고 있습니다. 또 이 섬은 그 위치가 좋아서, 남중국해의 교통과 군사상 중요한 곳입니다.

주강 상류의 산지는 텅스텐, 주석 등의 광산이 풍부합니다. 곤명(昆明)은 2,000미터 고지에 있고, 이 지방의 중심지입니다.

몽골(蒙疆) 북중국평야에서 가파른 산 고개를 지나 유명한 만리장성을 넘어가는 지점에, 넓은 초원과 사막이 이어지는 지방이 있습니다. 만주와 흥안령(興安嶺)을 사이에 두고 이웃하고 있는 지역입니다만, 1939년 9월 이후 이곳에 새로운 정부가 탄생했습니다. 이를 몽고연합자치정부라 하여, 이 지방을 보통은 몽골(蒙疆)이라 부르며, 중국으로부터 구별하고 있습니다.

만리장성

북쪽에는 고비사막이 펼쳐지고, 그대로 외몽고(外蒙古)로 이어집니다. 몽골은 만주와 더불어 러시아 방면에서 들어오는 좋지 않은 사상을 방지하는데 중요한 지역입니다.

대체로 고원이며 바다에서 멀리 떨어져 있기 때문에, 기후는 대륙성을 띠며, 여름 외에는 거의 비도 내리지 않습니다. 남쪽에는 한족(漢族)이 많이 살며, 여름 동안에 밀, 귀리, 감자 등을 재배합니다. 몽고인은 약 30만 정도입니다만, 대부분은 오지에서 파오(包, 천막집)를 짓고 살면서, 양, 염소, 소, 말 등을 사육하고 있습니다. 파오는 초원을 따라 이동할 수 있는 편리한 가옥입니다.

몽고인의 천막집 파오

철도는 천진, 북경방면에서와, 태원(太源)방면에서도 통하고 있는데, 장가구(張家口), 대동(大同), 후화(厚和), 포두(包頭) 등 주된 도시들이 철도에 연접해 있습니다. 장가구는 수도로, 우리나라 사람들도 많이 살고 있습니다. 장가구의 동쪽에 용인(龍烟)철광산이 있어, 품질 좋은 철광을 활발히 채굴하여 우리나라에도 송출하고 있습니다. 석불(石佛)로 유명한 대동(大同) 부근에는 대규모 탄전이 있어서, 좋은 석탄이 활발히 채굴되고 있습니다.

외몽고(外蒙古)·몽골(新疆)·티베트 지도를 보면, 중국의 북쪽에서 서쪽으로 걸쳐서 큰 고원과 큰 산맥이 넓게 이어지고 있는 것을 알 수 있는데, 이곳에 외몽고, 몽골(新疆), 티베트 등이 있습니다. 이 지역은 면적은 넓지만, 토지의 관계나 강우량이 적은 등의 관계로, 주민의 수는 적고, 산업도 그다지 번창하지 않아, 약간의 목축업이 행해질 뿐입니다. 그러나 이들 지방은 만주, 시베리아, 인도 등으로 이어지고 있어, 그 위치가 중요한 곳이므로, 영국과 러시아 등은 일찍부터 이곳에 주목하여 제각각 그 세력을 펼쳐가고 있습니다. 그 때문에 주민들은 힘들고 가난한 생활을 하고 있습니다. 주민의 대부분은 라마교와 이슬람교를 믿고 있습니다.

일본과 중국 우리나라와 중국만큼 예로부터 관계가 깊은 나라는 없습니다. 양국은 서로 이웃하고 있는 나라이며, 인종으로서도 가깝고, 문자도 공통의 것을 사용하고 있을 뿐만 아니라, 상호간에 부족한 물자와 상품을 서로 채워가야 할 나라입니다. 즉 우리나라의 대단히 발달한 공업제품을 중국으로 보내고, 중국의 철, 석탄, 텅스텐, 면, 양모, 동유(桐油) 등을 우리나라에 보내는 것입니다. 또한 중국의 풍부한 자원과 노동력이 향후 우리나라의 뛰어난 기술과 탄탄한 자본에 의해 개발되지 않는다면, 대동아건설에 그만큼 도움 될 수는 없습니다.

중국이 외국의 멸시를 받아 위기에 처했을 때, 우리나라는 언제나 이를 두둔하려 하였고, 그 독립과 동양평화를 유지하는 일에 진력해 왔습니다. 원래 중국은 넓기 때문에, 국내 통일은 되지 않고, 옛날부터 걸핏하면 쟁란이 일어나서 많은 중국인은 가엾은 생활을 계속해 왔습니다. 우리나라는 지금 이 같은 중국을 구원하려고 하는 것입니다. 이러한 우리나라의 진심을 이해하지 못하고, 오늘날 여전히 미개한 일부 중국인들은 미국, 영국 등의 힘을 빌려 우리나라에 반항하고 있습니다. 우리들은 하루라도 빨리 이 사람들을 깨우치게 하고, 모두 함께 대동아건설로 나아가지 않으면 안 됩니다. 게다가 건설은 이미 시작되고 있습니다. 우리나라의 지도(指導)로 점거지역은 점차 수습되고, 교통도 계속 발달하여 물자도 활발히 교환되고 있습니다. 남경(南京)에는 1940년 3월부터 새로이 정부가 탄생하여, 나날이 밝아지는 일에 힘을 더하여, 지금은 우리나라와 동생공사(同生共死)하는 굳은 동맹을 맺고 나아가고 있습니다.

중국의 주민 중국은 나라가 넓고 인구도 많기 때문에, 사람들의 성격이나 말이 지방에 따라 다릅니다.

가장 많은 사람은 한족(漢族)이며, 그 중에서도 북부중국에 살고 있는 사람은 가장 근면하고 끈기가 있어, 더위나 추위에 상관없이 일을 잘 합니다. 남부중국 사람들은 비교적 밝은 성격으로, 진취적인 면을 볼 수 있습니다.

대체적으로 말하자면, 중국 주민의 기질은 이른바 대륙적이어서, 느긋한 점이 있고, 효심이 깊어서 조상을 숭배하고 집안을 잘 다스립니다. 그러나 충의적인 면에서는 우리나라와 상당히 다릅니다. 그것은 국민성으로 보아 어쩔 수 없는 일일지도 모릅니다.

성문 근처

또 자신의 낯을 세우려는 마음도 강하지만, 그 반면에 어쩔 수 없다며 그냥 포기해버리는 점도 있습니다.

중국은 문자의 나라, 선전(宣傳)의 나라로, 외교나 사교에 능숙하고 형식과 예의를 대단히 중시합니다. 자기 나라를 중국(中國) 또는 중화(中華)라 부르고, 현재도 국호를 중화민국(中華民國)이라 칭하고 있습니다. 최근에는 중국 청소년 중에도 일본인과 손을 잡고 나아가려는 훌륭한 인물도 나오게 되었습니다. 우리들은 그런 사람들과 굳게 손을 맞잡고 나아가지 않으면 안 됩니다만, 그것에는 중국의 국민성과 풍속, 습관 등을 한층 잘 이해하는 것이 중요합니다.

2. 인도차이나

인도차이나는 아시아의 남쪽으로 돌출되어, 태평양과 인도양을 가르고 있는 큰 반도입니다. 중국과 인도의 중간에 위치한 점이 '인도차이나'라는 이름이 붙여진 까닭입니다.

대체로 북쪽에서 남쪽으로 산맥이 이어지고 있으며, 그 중 한줄기는 남쪽으로 뻗어 말레이반도로 이어지며, 그 끝에 쇼난도(昭南島)가 있습니다. 버마의 서쪽 산맥도 안다만, 니코바르 등의 섬들로 이어지며, 게다가 수마트라 방면으로 연결되어 있습니다.

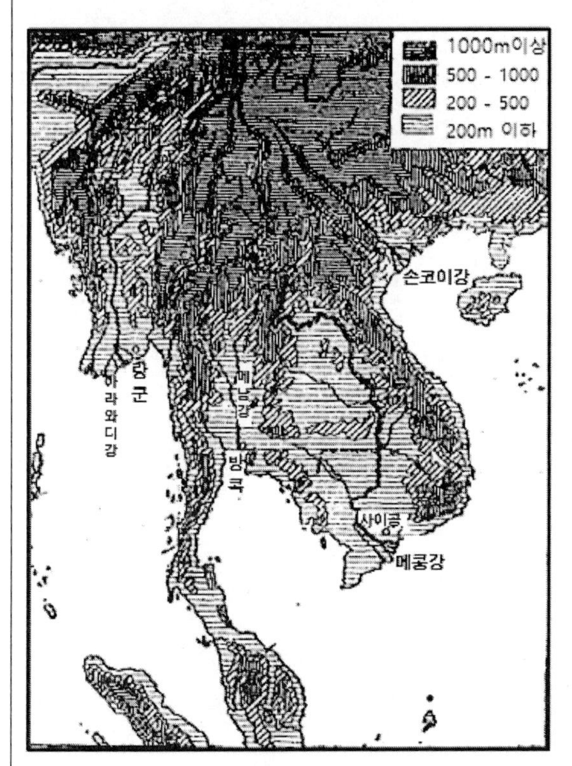

인도차이나의 지형

인도차이나에는 프랑스령 인도차이나, 태국, 버마, 말레이시아 등이 있으며, 베트남인, 태국인, 버마인 및 화교 등이 살고 있습니다. 이들은 최근 모든 방면에서 우리나라의 힘을 의지하게 되었습니다. 우리나라에서는 이 나라 사람들이 사용하는 일용품을 보내고, 이들은 우리나라로 쌀과 석유, 석탄, 그 밖의 물자를 보냅니다.

인도차이나의 산업 분포도

남부중국보다도 더 남쪽에 있기 때문에, 보편적으로 열대성 기후를 나타내는데, 다만 산지와 평원, 북쪽과 남쪽 등에서 다소의 기후 차이가 있습니다. 바람의 방향이 계절에 따라 상반되는 것은 중국이나 우리나라와 비슷합니다만, 방향은 조금 다릅니다. 즉, 6월 무렵부터 9월 무렵까지는 남서풍이 불고, 산맥의 서쪽에 많은 비가 내려 우기가 되며, 12월 무렵부터 3월 무렵까지는 북동풍이 불고, 베트남이나 말레이반도 동쪽을 제외하고는 비가 거의 내리지 않습니다.

베트남의 논(水田)농사

프랑스령 인도차이나 프랑스령 인도차이나는 남북으로 길게, 북부 손코이강 유역의 통킹지방, 동쪽 해안에 인접하여 이어지는 베트남지방, 메콩강유역지방 등 3지역으로 대별됩니다. 이 지방의 한복판을 북서쪽에서 남동쪽으로 달리는 산맥이 있고, 메콩강은 이 산맥의 서쪽을 흐르며 강어귀에 큰 삼각주를 형성하고 있습니다.

이 지방은 지금으로부터 80년쯤 전부터 프랑스 세력이 들어왔습니다만, 이전에는 왕이 각 지역을 통치하였습니다. 그 중에서도 베트남 왕은 예로부터 유명하며, 지금도 유에(ユエ) 마을에 살고 있습니다.

쌀과 석탄 물 수급이 편리한 평지에서는 쌀이 매우 잘 자랍니다. 손코이강, 메콩강 등의 유역이나 삼각주는 특히 쌀 산지로 유명하여, 북쪽의 쌀을 통킹미(トンキン米), 남쪽의 쌀을 사이공미(サイゴン米)라고 합니다. 인구에 비해 쌀 생산이 많아서, 우리나라를 비롯하여 중국과 필리핀 등에도 송출이 가능합니다.

주민들은 쌀 이외에 옥수수, 사탕수수, 고무, 야자, 면화 등도 재배하고 있습니다.

통킹지방의 홍게이는 이름난 무연탄 산지로, 우리나라에도 활발히 송출합니다. 석탄 외에도, 주석, 아연, 기타 광물이 지하에 많이 있을 것으로 추정되는데, 향후 일본인의 조사로 차츰 밝혀지게 되겠지요.

주민과 도시들 이 지역에 사는 약 2,500만의 주민은 모두 아시아인들로, 그 대부분은 불교를 믿고 있습니다. 프랑스인은 불과 4만 명 정도밖에 살고 있지 않습니다. 태평양전쟁 이후 경제적으로는 우리나라와 완전히 일체가 되어 있습니다. 우리나라 사람들은 옛날 베트남과 캄보디아 각지로 도항하여 활약했던 적이 있었습니다. 앞으로는 다른 남방 여러 지역과 마찬가지로 신체 건장하고 마음가짐도 훌륭한 일본인이 많이 나가서, 이 지역 개발에 이바지하게 되겠지요. 화교는 40만 명이나 되며, 상업방면으로 상당한 세력을 형성하고 있습니다.

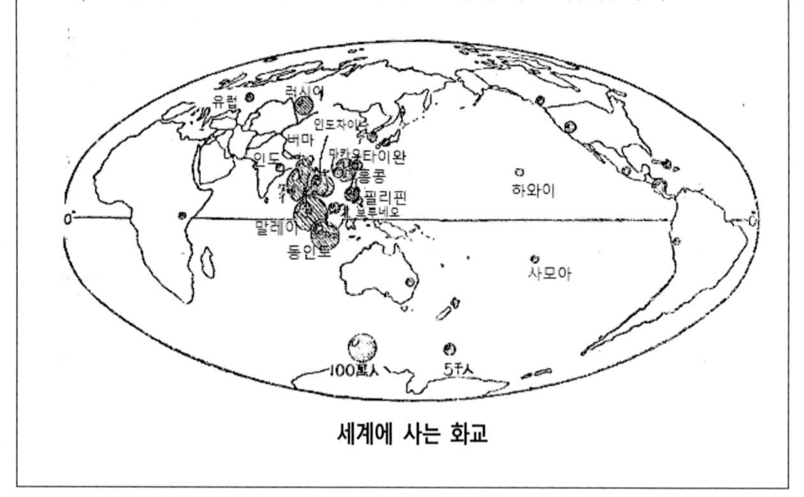

세계에 사는 화교

북쪽 중심지로서 강 내부의 섬에 새로 생긴 하노이는 정치도시로, 일본 전권대사와 프랑스총독이 있습니다. 여기서부터 철도는 북서쪽으로 달려 남부중국의 곤명(昆明)에 도달하며, 한편 바다의 출입구로는 외항 하이홍이 있습니다. 남쪽 상업중심지인 사이공은 메콩강의 지류에 임하는 강의 항구로, 항공측면으로 보아도 중요한 위치를 차지하고 있습니다. 사이공의 남서 5킬로미터 지점에 화교가 조성한 쌀의 도시 쇼롱이 있습니다.

사이공 쌀 출하

하노이와 사이공 사이에는 베트남의 해안선을 따라가는 철도가 있는데, 급행열차로 약 40시간이 걸립니다. 길 도처에 논이 있고, 야자와 대숲이 알맞게 우거진 마을이 곳곳에 보입니다. 주요 항구인 캄람만(カムラン灣)은 남동부 해안에 있습니다. 캄보디아 서쪽으로는 유명한 앙코르와트 유적이 있는데, 장래 견학하는 사람들도 점차 많아지겠지요.

앙코르와트

태국 태국은 원래 샴(シャム)이라 불리며 320년 쯤 전, 샴 왕을 구하여 일본의 이름을 드높인 야마다 나가마사(山田長政) 등에 의해, 우리나라에서는 예로부터 친숙한 나라입니다.

태국은 그 정중앙을 흐르는 수량이 풍부한 메남강(メナム川) 유역 지방이 가장 중요한 곳입니다.

이 나라의 크기는 약 65만 평방킬로미터로, 우리나라보다 조금 좁은 정도입니다. 남부의 말레이반도 부분을 제외하면, 한 덩어리로 뭉쳐진 국토를 이루고 있습니다.

쌀·티크·주석 태국의 가장 중요한 산물은 쌀과 티크(건축, 가구, 선박, 차량 등의 자재)와 주석으로, 쌀은 태국 수출의 대부분을 차지하고, 우리나라에도 상당히 많이 송출하고 있습니다. 현재는 1년에 1차례만 경작하는 논이 많습니다만, 수리시설 및 재배법을 연구한다면, 더 많은 좋은 쌀을 수확할 수 있겠지요. 면의 재배도 장래가 유망합니다.

티크는 이 나라의 70%를 차지하는 삼림지에서 벌채됩니다. 이 크고 무거운 목재의 운반에는, 명물인 코끼리가 주로 사용됩니다. 우기에는 특히 수많은 뗏목이 메남강 상류로부터 띄어 보내집니다.

태국의 코끼리

주석은 반도 방면의 지하에 많이 있습니다만, 말레이에 비하면, 아직 채굴이 활발하지 않습니다.

주민 태국의 인구는 1,700만 정도로, 대부분의 사람들은 일찍부터 불교를 믿어서 자비심이 깊고, 대체로 온화하며, 사람들에게도 친절합니다. 예로부터 태국인으로서 잘 합심하여, 영국이나 프랑스 세력의 틈바구니에서 나라를 잘 유지해 왔습니다.

태평양전쟁이 시작되자 재빨리 우리나라와 힘을 합하여, 이윽고 양국사이에 특별한 굳은 동맹이 맺어지고, 우리나라의 지도로 대동아건설에 노력하고 있습니다. 이곳에도 대단히 많은 화교가 있어서, 상업을 활발히 운영하고 있습니다.

아름다운 사원이 많이 있는 방콕은 이 나라의 중심지로, 태국의 오지와 말레이반도 방면으로 철도가 다니고 있습니다. 또 이전부터 남방 여러 지역의 국제항공로의 중심을 이루고 있었습니다. 시내(市內)를 흐르는 메남강 강가에는 마루가 높은 시원해 보이는 집들을 볼 수 있으며, 수상생활을 하는 사람들도 적지 않습니다.

강에는 그 위에 집을 지은 뗏목이 떠있는 광경을 흔히 볼 수 있고, 시장을 형성하고 있는 가옥도 있습니다. 물이 불어나는 시기에는 특히 배의 왕래가 활발합니다.

방콕

방콕의 북쪽 100킬로미터 쯤 지점에 아유짜마을이 있는데, 옛날 우리나라 사람들이 많이 살면서 일본마을을 조성하였습니다. 이 마을 근처에 나가마사(長政)와 그의 아들이 모셔져 있습니다.

버마 태국의 서쪽, 인도차이나 서부지방을 이루고 있는 나라가 버마입니다. 이 지역의 정중앙을 북쪽에서부터 남쪽으로 흐르고 있는 이라와디강(*Irrawaddy River*)유역과 삼각주가 버마의 가장 중요한 부분입니다. 게다가 이 강은 강어귀에서 상류 약 1,600킬로미터까지 기선으로 올라갈 수가 있습니다.

랑군 시가지

북동부에는 7, 8월경에도 시원한 샨(シャン)고원이 있는데, 계곡은 깊지만 전체적으로 평평한 고원을 이루어, 장차 좋은 농업지역이 될 것으로 여겨집니다. 태국과 중국 사이에도, 또한 인도와의 사이에도 높은 산맥이 있어서, 각 방면으로의 교통은 불편합니다.

쌀과 석유 버마는 농업국이어서 쌀이 많이 생산되며, 이른바 랑군미(米)로서 우리나라에 계속해서 송출됩니다. 태평양전쟁 이전에는 인도로도 활발하게 수출되었습니다. 석유는 이 나라의 중요한 자원으로, 이라와디강 중류 각지에 유전이 있어서, 지금까지 한 해 약 110만 톤이 생산되고 있습니다. 이 밖에 텅스텐, 구리, 납, 아연 등의 광물과 티크, 면, 고무 등도 생산됩니다.

중국으로의 통로와 버마 주민 랑군에서 자동차, 기차, 선박 등으로 오지까지 들어가면, 이윽고 중국으로 통하는 길이 있어, 이 길을 따라 미국, 영국의 물자가 중국으로 보내진 적도 있었습니다만, 우리 군이 점령한 이후로 이 길은 막혀버렸습니다.

버마의 인구는 약 1,600만 남짓이며, 그 대부분은 태국인과 마찬가지로 불교를 믿어서 남자는 평생에 한 번은 중이 되는 관습이 있습니다. 이 나라는 오랫동안 영국에 침략당하여, 주민의 생활도 가난하기 그지없었습니다만, 바야흐로 우리나라의 힘에 의해 영국세력이 축출되어, 밝은 버마로 거듭났습니다. 랑군은 수운(水運)의 혜택을 입은 쌀의 항구이며, 만달레이(マンダレー, 버마의 중앙부에 소재한 옛도시)는 이라와디강 중류의 요지입니다.

말레이반도와 쇼난도(昭南島) 인도차이나반도가 팔꿈치를 뻗은 모양으로 남쪽으로 쭉 튀어나와 있는 지점이 말레이반도입니다. 그리고 반도의 남쪽, 좁은 조호르 수로를 사이에 두고 쇼난도가 있습니다. 이곳은 태평양에서 인도양으로 나오는데 통과하지 않으면 안 되는 목구멍과 같은 장소로, 인도차이나반도와 동인도제도를 잇는 매듭과 같은 곳입니다. 그래서 쇼난도는 남방 여러 지방의 중심에 있다고 할 수 있습니다.

코타발의 상륙지점

이만큼 중요한 곳이기 때문에, 영국은 백 수십 년 전부터 이 곳을 자기네 것으로 하여, 습관처럼 싱가포르라 부르고, 군항과 무역항 설비를 정비하여 아시아 침략을 위한 제일의 발판으로 삼았습니다.

태평양전쟁이 시작되자, 우리 군은 55일 만에 말레이를 점령하고, 또 일주일 만에 난공불락을 자랑하던 싱가포르를 함락시켜 버렸습니다. 그 이후 섬은 쇼난도(昭南島), 도시는 쇼난시(昭南市)로 개칭되어, 말레이 반도와 더불어 우리나라에 의해 다스려져 나날이 발전 일로에 있습니다.

쇼난도

고무·주석·철 말레이반도는 세계 제일의 고무 산지입니다. 낮에도 어두운 밀림을 헤치고 조성한 밭 안에, 깔끔하게 늘어선 고무나무숲이 기차의 차창에서도 보입니다. 원래 고무는 연중 덥고 기온의 변화가 적은데다 비가 많고, 더욱이 태풍이 불지 않는 토지에 적합한 식물입니다만, 말레이는 고무재배에 매우 적합한 기후입니다. 일본인이 경영하던 고무농장도 전부터 조호르 마을을 중심으로 이곳저곳에 있었습니다. 태평양전쟁 이전, 영국은 고무의 대부분을 미국에 팔았습니다.

말레이의 고무농장

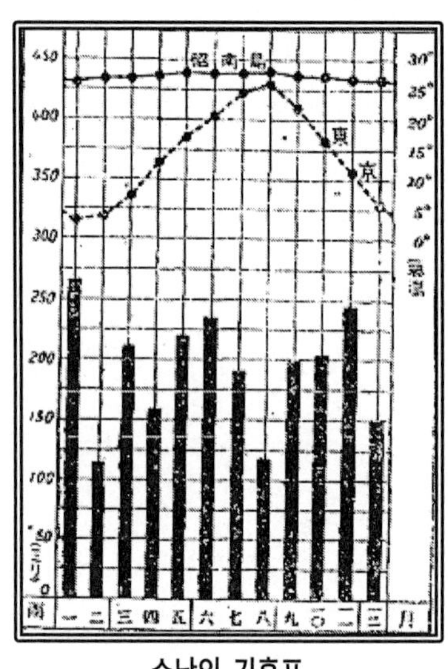

쇼난의 기후표

또한 해안에는 코코야자가 우거져 있습니다. 쌀도 많이 수확됩니다만, 지금까지는 이 지역

사람들이 먹을 만큼도 생산되지 않았습니다. 맛있는 과일은 1년 내내 먹을 수 있습니다.

주석의 산출은 세계의 3분의 1 남짓에 달하며 쇼난항과 피낭에서 수출됩니다. 광산은 이전부터 대부분 우리나라 사람이 경영하고 있는 것으로, 품질이 좋은 철광이 우리나라로 활발하게 송출되었습니다. 반도의 남부와 빈탄섬에서는 알루미늄광석이 되는 보크사이트를 산출합니다.

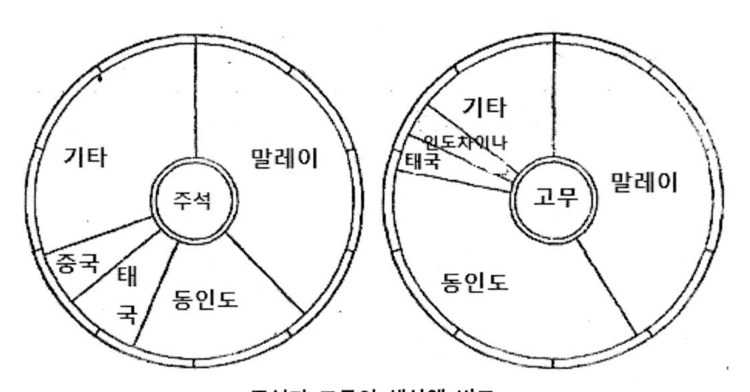

주석과 고무의 생산액 비교

말레이의 주민 말레이 인구는 대략 400만인데, 그중 화교가 가장 많고, 그 다음은 말레이인, 그리고 인도인입니다. 유럽인은 최근까지도 지극히 소수에 불과합니다. 옛날 헤이제이(平城)천황의 황자 다카오카(高岳)친왕은 불교 구도를 위하여 인도로 향했습니다만, 도중에 쇼난 부근에서 서거하였습니다. 이처럼 우리나라와 이 지방과는 1,000년도 넘는 오래 전부터 깊은 인연으로 맺어져 있었던 것입니다. 최근에는 나날이 일본인의 수가 늘어가고 있습니다.

쇼난시의 인구는 60만 정도이고, 자연스럽게 세 구역으로 나뉘어 있습니다. 남부의 중국인 타운과 중부의 바다에 연접한 번화한 상업 타운, 북부의 말레이인 도시가 그것으로, 우리나라의 큰 상점은 주로 중부에 있으며 섬 안의 언덕 위에는 쇼난(昭南)신사가 모셔져 있습니다. 대형기선이 정박하는 곳은 도시의 남쪽에 있고, 그 주변은 넓고 깊은 항구로, 각 지방의 선박이 모여듭니다. 섬에는 몇 개의 훌륭한 비행장이 있으며, 북동쪽의 군항도 차츰 정비되어 가고 있습니다.

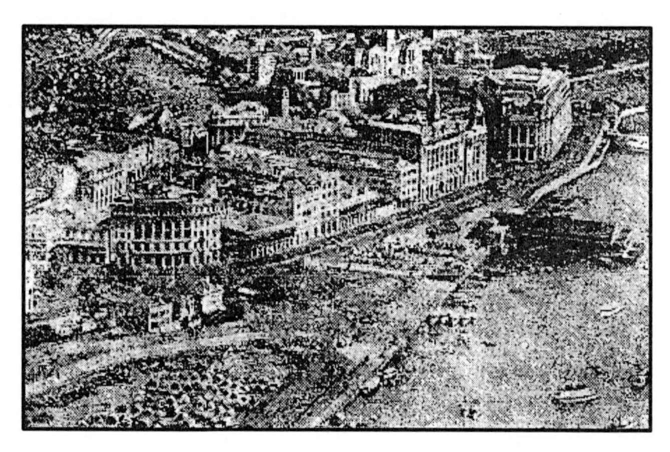

쇼난시

말레이반도의 북서쪽에 있는 섬의 항구 피낭과, 내륙에 위치한 쿠알라룸푸르 등, 모두가 멋진 도시입니다. 유명한 말레이 해전은 반도의 동해안 앞바다에서 치러진 전투입니다.

3. 동인도와 필리핀

동인도와 필리핀의 섬들은 아시아 남동부의 해상, 태평양과 인도양 사이에 걸쳐 크게 한 덩어리를 이루고 있습니다. 동인도에는 보르네오, 수마트라, 자바, 셀레베스, 파푸아 등의 큰 섬과 그에 이어지는 무수한 섬들이 있으며, 또 필리핀도 루손, 민다나오 등을 비롯한 많은 섬으로 이루어져 있습니다.

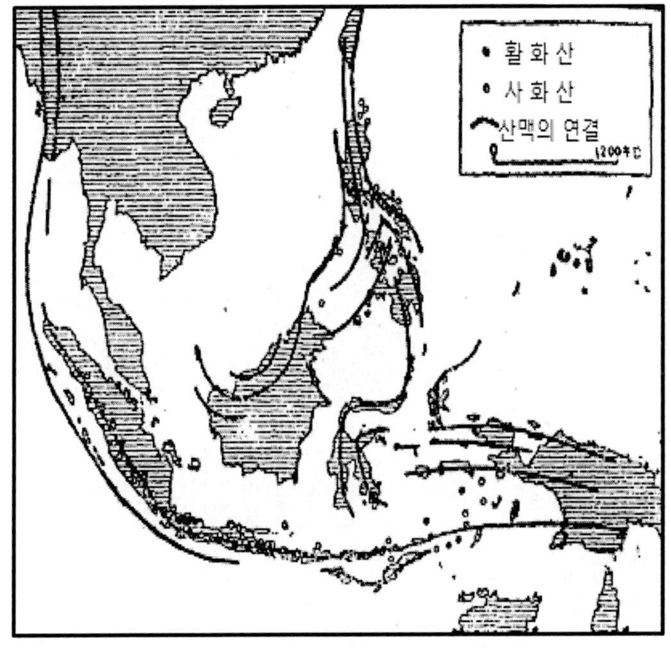

산맥과 화산의 연결

주의해서 잘 보면, 우리나라와 유사하여, 활 모양으로 된 산맥이 연속되어 있는 것을 볼 수 있는데, 게다가 화산대가 하나로 연결되어 있어, 우리들에게 왠지 친근감마저 느끼게 합니다. 또한 바다의 깊이는 내측에 비해 외측이 대단히 깊으며, 특히 필리핀 동쪽에는 필리핀해구라는 세계에서 가장 깊은 세로로 긴 해저가 이어지고 있어, 일본 근해의 모양과 매우 흡사합니다. 섬들은 적도에 매우 가깝게 위치하고 있으므로, 기후는 대체적으로 열대성이며, 사계절의 구별이 없습니다. 바람의 방향에 따라 건기와 우기로 나뉘는 것이 보통입니다. 거의 매일, 우리나라의 소나기와도 같은 스콜(*squall*)이 내리기 때문에, 비교적 견디기 좋습니다. 산지로 가면 기후가 매우 온화한 곳도 있습니다.

자바 풍경

대체로 강한 햇빛과 풍부한 비의 혜택이 있어서, 농산물이나 임산물은 쑥쑥 자라고, 또 대동아건설을 위한 중요한 광산물도 지하에 많이 매장되어 있습니다.

이들 섬들은 오랜 기간 네덜란드, 영국, 미국 등의 점령지로 되어 있었기 때문에, 주민들은 매우 힘든 생활을 하고 있었습니다.

그러나 태평양전쟁이 시작되면서, 불과 몇 개월 사이에 황군의 힘에 의해 미국, 영국, 네덜란드 등의 세력이 축출되게 된 이래, 주민들은 우리나라의 인도로 희망차게 일하게 되었습니다. 우리나라 사람들은 이전부터 이 지방에서 열대기후와 풍토병에 온갖 어려움을 견디면서 여러 방면으로 활약하고 있었습니다. 향후의 활동은 한층 눈부신 것이겠지요. 화교들도 곳곳에 살면서 주로 상업방면에 세력을 지니고 있습니다.

밀림을 헤치고 나아가는 황군

석유와 고무의 수마트라 수마트라는 조선을 제외한 우리나라의 크기와 비슷한 정도의 큰 섬입니다만 인구는 많지 않습니다. 주민은 고원에도 많이 살고 있는데, 북동부로 펼쳐져 있는 평야의 일부를 개간하여 고무, 담배, 야자 등을 재배하고 있어서, 대규모 농장도 많이 볼 수 있습니다.

그 중에서도 고무는 말레이반도에 버금가는 생산액을 나타냅니다. 화산재가 쌓인 들판에는 좋은 고무농장이 있습니다.

말레이와 마찬가지로 우리나라 사람들이 힘들여 경영한 고무농장도 적지 않습니다. 넓은 고원지대도 있어서, 머잖아 활발하게 개척되겠지요. 산중에는 아주 훌륭한 미곡창고를 소유한 주민이 살고 있는 곳도 있습니다.

수마트라 주민의 집

수마트라가 동아시아 제일의 석유산지인 것을 잊어서는 안 됩니다. 용감한 우리육군의 낙하산부대가 점령했던 팔렘방 부근의 유전을 비롯하여, 그 북방의 잔비 부근과 북부지방 등, 곳곳에 유전이 있어 1년에 500만 톤 이상을 산출합니다. 말레이반도 쪽과 연결되는 방카(*Bangka*), 빌리턴(*Billiton*) 등의 섬들은 주석이 많이 산출되는 것으로 유명합니다.

태평양전쟁 전 팔렘방 석유 출하장

인구가 많은 자바 자바는 크기가 조선의 60% 정도인데, 인구는 조선의 2배 정도나 되어 인구밀도가 높기로는 세계 제일로 일컬어지는데, 그 점에서 다른 섬들과는 크게 차이가 있습니다. 그것은 무엇보다도 이 땅이 갖가지 많은 산물의 혜택을 받고 있기 때문입니다.

섬의 남쪽에는, 수많은 화산이 늘어서 있고, 후지산과 같은 모양의 아름다운 산도 볼 수 있습니다. 도로와 철도도 잘 발달되어 자카르타, 수라바야, 사마란, 반둥 등 잘 정비된 훌륭한 도시가 있습니다.

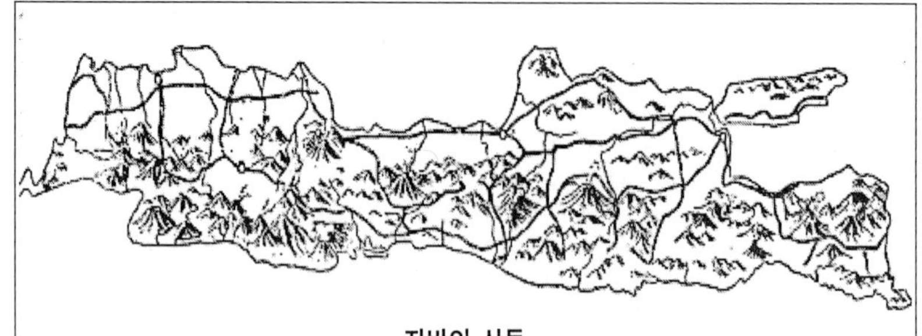

자바의 산들

자바는 300년 동안 소수의 네덜란드인에 의해, 제멋대로 지배를 받은 곳입니다. 주민의 대부분은 매우 순종적이며, 허술한 가옥에 살면서 이슬람교를 믿고 있습니다. 이곳에는 화교가 약 60수만 명이나 살고 있으며, 상업 방면에서 활동을 계속하고 있습니다.

자카르타는 섬의 북서부에 있는 정치 및 상업의 중심지로, 도시는 일대의 저지대와 주택 등이 많은 다소 높은 부분으로 되어 있습니다. 자카르타의 남쪽 보이텐조르히(*Buitenzorg*-현재의 보고르:*Bogor*)에는 세계 제일이라 일컬어지는 열대식물원이 있습니다. 수라바야는 마두라(*madura*)섬이 앞쪽에 가로놓인 동인도 제일의 군항으로, 상업도 활발하게 행해지고 있습니다. 그 앞바다에서 자카르타 앞바다에 걸친 해전에서, 우리 해군은 미국, 영국, 네덜란드 연합함대를 격파하였습니다.

보이텐조르히 식물원

사탕수수와 키나 자바에는 쌀을 비롯하여 사탕수수, 고무, 야자, 타피오카(*Tapioca*), 담배, 차, 커피, 키나(*kina*) 감자 등 이루 헤아릴 수 없을 만큼 많은 산물이 있습니다만, 이 가운데 가장 유명한 것은 사탕수수와 키나입니다.

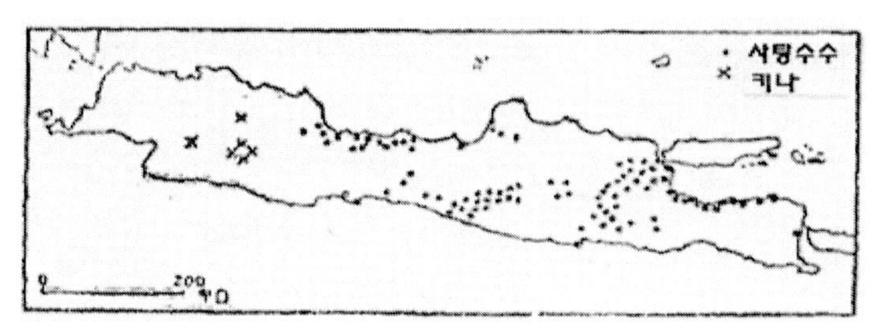

사탕수수와 키나

사탕수수는 주로 평지에 재배되는데, 우기와 건기가 비교적 뚜렷하게 나뉘는 중부에서부터 동부에 걸쳐 있는 농장에서 특히 많이 생산됩니다. 장차 대동아의 여러 나라로 송출되거나 알코올의 원료가 되기도 하겠지요.

키나 숲

키나는 열대지방에서 걸리기 쉬운 말라리아 병을 낫게 하는데 중요한 의약품의 원료가 되는 식물입니다. 원래 남미에서 이식한 것이었습니다만, 자바의 토지에 잘 맞아, 전 세계의 90%를 생산하게 되었습니다. 높이 1,000미터 이상의 고지(高地)로, 연중 시원하고 비가 많아도 바람이 그다지 강하지 않은 곳에 적합하므로, 반둥 부근의 산지가 그 중심지입니다. 감자도 역시 고원이 아니면 잘 되지 않습니다. 쟈가이모(じゃがいも)라는 이름은 자카르타의 옛 이름 쟈가타라(ジャガタラ)에서 유래된 것입니다. 타피오카는 전적으로 주민의 식량이 되고 있습니다.

석유와 삼림의 보르네오 보르네오는 우리나라 전체보다 조금 큰 섬으로, 북쪽으로는 4,000미터 이상 되는 산이 있습니다. 해안에 있는 몇 개의 항구를 살펴보면, 대부분은 끝없는 밀림과 늪입니다. 강이 이 섬의 주요 교통로이며, 오지 깊숙한 곳까지 배가 들어 다닙니다. 또한 악어가 살고 있는 강도 있습니다.

전쟁전의 발릭파판

이 섬의 광산물 중 가장 중요한 것은 석유로, 북서부의 세리야와 밀리, 북동부 다라칸섬(*Pulau Tarakan*) 동부의 발릭파판(*Balikpapan*) 부근의 상가상가(*Sanga-Sanga*)유전 등이 유명합니다. 지금까지 섬 전체에서, 연간 약 250만 톤 정도가 생산되고 있습니다.

평지는 대체로 덥고 비가 많아 고무, 사고야자, 대마 등의 재배에 적합하고, 또 라왕, 철목(鐵木) 등 유용한 목재가 많아서 차츰 벌채되게 되겠지요. 다바오(*Davao*) 부근에서는 우리나라 사람들에 의해 일찍부터 농장이 개발되었고, 또한 어업도 활발하게 이루어져 왔습니다. 남쪽의 밴젤머신(*Banjarmasin*)은 뗏목이나 작은 배, 혹은 말뚝위에 지어진 특이한 수상가옥이 밀집되어 있는 큰 마을입니다. 또 북서쪽에 있는 쿠칭(*Kuching*)은 중국풍의 상점이 많은 도시입니다.

북부 보르네오 주민

셀레베스와 기타 섬들 셀레베스(*Celebes*)는 보르네오 동쪽에 있는데, 가늘고 긴 반도를 여기저기 조합 해 놓은 듯한, 이상한 형태의 산지가 많은 섬입니다. 북동부의 미나하사반도(*Minahasa Peninsula*)에는 아름다운 화산이 있는데, 그 가장자리에 므나도(*Menado*, 미나하사반도 북동단에 위치한 항만도시)가 있습니다. 우리 해군의 낙하산부대가 활약했던 곳입니다. 우리와 같은 조상을 가졌다고 믿고 있는 주민이 우리 동포의 지도 아래 코코야자, 면, 쌀 등의 재배를 활발히 시작하고 있습니다. 이 부근에서는 이전부터 우리나라 사람들이 가다랑어와 참치 어업에 종사해 왔습니다.

므나도의 낙하산부대

므나도에서 배로 가면, 대개 4일에 갈 수 있는 남서단의 마카사르(*Makassar*)는, 동인도제도의 거의 중심부에 있는 중요한 항으로, 큰 기선도 부교(棧橋)에 댈 수 있습니다.

셀레베스는 보르네오와 마찬가지로 깊은 삼림에 덮여있는 부분이 많아, 니켈이나 철광도 산출할 전망입니다. 삼림에서는 자단(紫檀, 콩과에 속한 상록활엽수로, 속 부분이 자줏빛이 나며 무늬가 아름다워 건축 및 가구재로 사용됨)과 흑단(黑檀)도 벌채됩니다.

셀레베스의 동쪽에 있는 말르크(*Maluku*)의 섬들은, 옛날 향료제도(香料諸島)라 불렸던 적이 있습니다만, 그것은 셀레베스와 더불어 갖가지 향료를 생산했던 까닭입니다. 남쪽에 있는 셀람섬(*Pulau Seram*) 가까이에 암본(*Ambon*) 요지가 있습니다.

자바 동쪽으로 이어지는 섬들은, 동서로 줄지어 있으며, 곳곳에 화산이 분출하고 있습니다. 동쪽에 있는 티모르섬(*Pulau Timor*)은 커피, 고무 외에도 석유와 금이 유망한 것으로 여겨지고 있습니다.

미개한 큰 섬 파푸아 우리 남양군도의 남쪽에 있는 섬이 파푸아(*Papua*)섬으로, 보르네오보다 더 큰 섬입니다. 높은 산맥이 북서쪽으로부터 남동쪽에 걸쳐 거의 섬의 정중앙으로 뻗어있으며, 아름다운 극락조가 산다고 전해지는 깊은 산과 계곡이 있습니다. 곱슬머리 파푸아인이 섬 전체에서 불과 80만 명만 살고 있습니다만, 해안의 일부를 들여다보면 대부분은 아직 거의 개발되지 않은 지역입니다.

파푸아 주민의 집

그러나 우리나라사람들이 북서해안 모미 부근에서면, 쥬-트(黃麻 줄기에서 얻은 섬유) 등의 시험작물 재배에 성공하였으므로, 농업의 장래는 유망하며, 광산 등도 유망하다고 여겨지고 있습니다. 또한 삼림에서는 향후 다마르(*Damar*)수지가 많이 산출되겠지요.

다마르 숲

모미의 면 출하

모미의 북쪽에 마노콰리항이 있고, 섬의 남동쪽에 모레스비 *(Port Moresby)*요지가 있습니다. 이 남동쪽에서 산호해해전이 일어나, 우리 해군은 대승을 거두었습니다. 파푸아 북동쪽에는 비스마르크제도가 있고, 그 중 뉴-브리튼*(New Britain)*섬에는 라바울*(Rabaul)*이라는 좋은 항구가 있어, 솔로몬제도 방면의 주된 기지로 되어 있습니다. 솔로몬제도는 파푸아섬의 동쪽에, 북서에서 남동으로 이어진 작은 섬들로 구성되어 있습니다만, 동인도와 호주 등에 가까운 요지를 차지하고 있으므로, 때때로 태평양전쟁의 전쟁터가 되어, 황군은 유명한 솔로몬해전과 부겐빌섬 앞바다 항공전 등을 비롯한 수차례의 전투에서 미군을 분쇄하였습니다.

필리핀 미국은 아시아 방면으로 발전하는 기지로서 40년간 필리핀을 지배해 왔습니다만, 태평양전쟁이 시작된 지 반년 사이에 우리 군대는 미국 세력을 축출해버렸습니다.

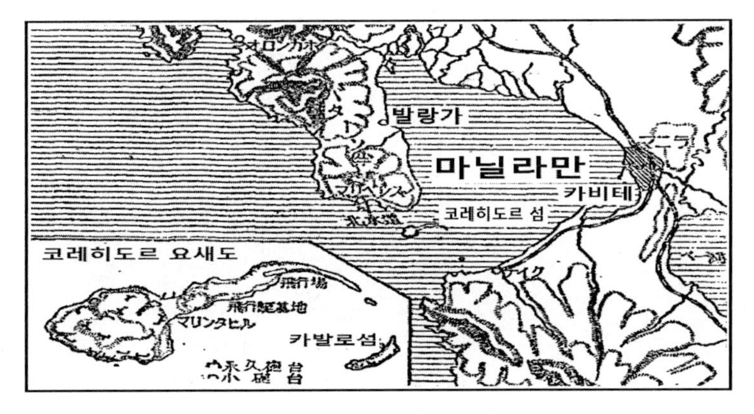

마닐라 부근과 콜레히도르섬

마닐라만 북서쪽 바탄(*Bataan*)반도와, 입구에 있는 콜레히도르(*Corregidor*)섬에는 격렬한 전투의 흔적을 볼 수가 있습니다.

그 후 필리핀은 우리나라의 지도하에 갱생하여, 지금은 버마와 더불어 신흥국으로서 순조롭게 새로운 건설을 진행하고 있습니다.

사탕수수 · 코프라 · 마닐라 마(麻) · 구리 필리핀사람은 우리들과 마찬가지로 쌀을 주식으로 하고 있습니다. 쌀은 루손섬을 비롯한 각지에서 생산되고 있습니다만, 그 생산고는 비교적 우리나라의 3분의 1에도 못 미쳐, 주민들의 식량으로 부족합니다. 사탕수수는 자바와 마찬가지로, 우기와 건기가 뚜렷한 섬들의 중간 정도이거나 서쪽에 지역에서 많이 생산됩니다. 장차 면의 재배도 유망합니다. 코코야자는 바람이 강한 섬들의 동쪽에서도 잘 자라, 마치 우리나라 해안의 소나무와도 같이 우거진 편입니다. 열매는 말려서 코프라로 활발히 수출합니다.

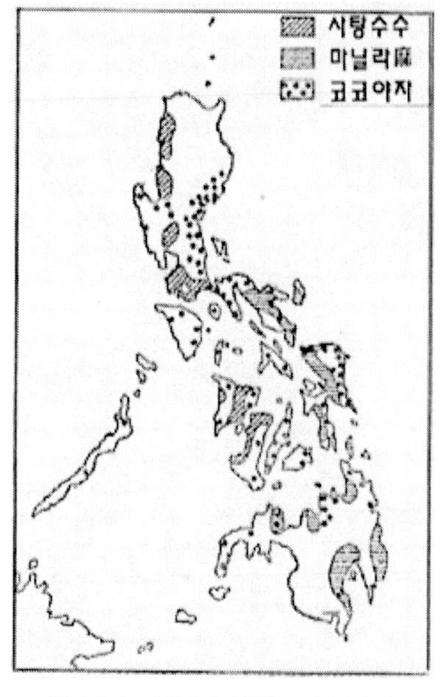

사탕수수 · 마닐라 마(麻) · 코코야자

분포도에서 알 수 있듯이, 마닐라의 마가 민다나오섬이 주가 되는 남부의 섬들에 많은 것은, 연중 비가 많고 태풍의 영향이 적은 장소에 적합하기 때문입니다.

다바오의 경작지

구리, 철, 금, 크롬 등은 이 지역 중요한 광산물로, 철광은 전부터 우리나라로 수출되고 있었습니다. 구리 생산은 이제부터 장래 유망할 전망입니다. 넓은 삼림 안에서는 라왕이 제일 많이 벌채되고 있습니다.

필리핀의 주민 필리핀 주민들은 처음 스페인에 지배당하고 있었습니다만, 그 무렵부터 대부분이 기독교를 믿게 되었습니다. 대체로 온순한 성격을 지니고 있기 때문에, 차후 일본인의 지도를 받아 게으르기 쉬운 결점도 차츰 개선되어 가겠지요.

민다나오섬 다바오 부근에는, 40년 쯤 전부터 우리나라사람들이 이주하여, 한때는 2만 명 가까이를 헤아리며, 농업과 임업을 활발히 운영하였습니다.

마닐라 마를 유명하게 한 것도 완전히 이들 일본인의 노력의 산물입니다. 또 전쟁 전의 마닐라시에는 약 4,500명, 마닐라 북쪽에 있는 천 수백 미터 고지인 바기오*(Baguio)* 부근에도 약 3,000명의 일본인이 살고 있었습니다.

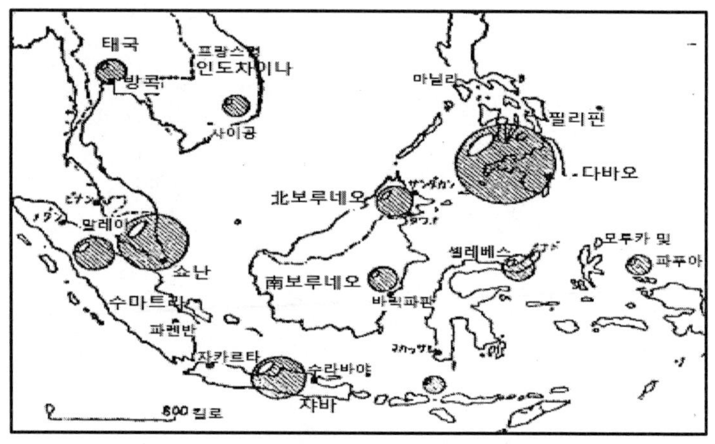

남방 여러 지역의 전쟁 전 일본인의 분포

주민과 강을 건너는 배

마닐라 교외에는, 이들 많은 일본인이 발전의 선구자로서 메이지 중반 무렵 필리핀에 건너가서 활동하다가, 마침내 그 땅에서 객사한 스가누마 데이후(菅沼貞風)의 묘비가 있습니다.

스가누마 데이후(菅沼貞風)의 묘비

마닐라는 설비가 잘 정비된 무역항으로, 근처에는 카비테(*Cabiate*)군항이 있습니다. 이 외에 세부(*Cebu*), 일로일로(*Iloilo*) 등도 전부터 일본인이 살고 있던 곳으로, 각각 지방의 중심 도시입니다.

4. 인도와 인도양

인도는 아시아대륙의 남서쪽, 인도양으로 돌출되어 있는 큰 반도로, 면적은 우리나라의 6배나 됩니다. 인도양은 북쪽은 이 때문에 동쪽 벵골만과 서쪽 아라비아해로 나뉘어져 있습니다.

지도에서 보면, 인도는 대략 다음의 3부분으로 이루어져 있는 것을 알 수 있습니다. 남쪽 삼각형 부분을 차지하는 데칸(*Deccan*)고원, 북쪽의 히말라야산맥지대 및 이 둘 사이의 인도평야가 그것입니다. 이 가운데 가장 중요한 것은 인도평야로, 동쪽 갠지스강 유역과 서쪽 인더스강 유역에서 이루어져, 그것이 하나로 이어져 있습니다. 갠지스강 하류에는 낮은 습지가 펼쳐지고, 강어귀에는 큰 삼각주를 볼 수 있습니다. 인더스강 상류는 다섯 개의 강으로 갈라져 오하(五河)지방이라 불리며, 중류 부근의 동부일대는 사막으로 되어 있습니다.

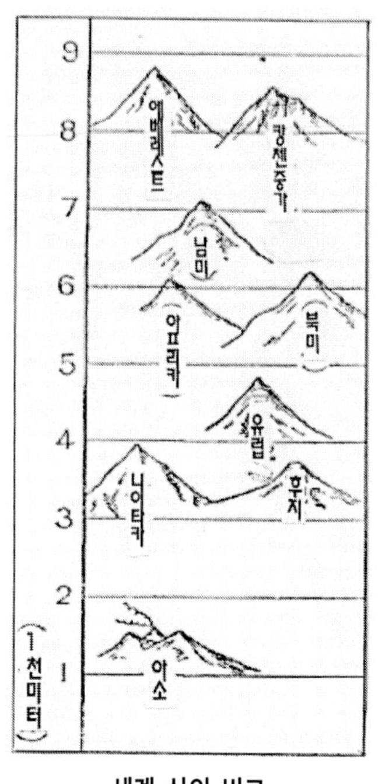

세계 산의 비교

히말라야의 산들

데칸고원은 오래된 단단한 암석고원으로, 북서부에는 용암으로 생긴 토지가 있으며, 서쪽 끝에 이 고원에서 가장 높은 지점이 이어지고 있습니다. 타이완의 2배 정도 되는 실론*(Ceylon)* 섬은 인도의 남동쪽 끝 가까이에 있어, 인도양 북부의 요지로 되어 있습니다. 천고의 눈으로 덮인 히말라야는 인도와 티베트 사이에, 거의 동서로 길게, 하늘을 구획 짓듯이 솟아 있습니다. 그 중에서도 세계 최고봉 에베레스트, 또 빙하로 이름난 캉첸중가*(Kangchenjunga)*는 단연 높아서, 다즐링에서 바라보는 산들의 웅대한 전망은 실로 장관입니다. 인도 북동부는 버마산맥에서 분리되며, 북서쪽으로는 인더스강 유역을 넘어서 이란고원으로 이어지는 산지가 있습니다.

극심한 계절풍 인도만큼 심한 계절풍이 부는 곳은 세계에서도 유례가 없습니다. 바람의 방향은 인도차이나와 마찬가지로 6월경부터 9월 무렵까지 남서풍이 지속되어, 인도의 대부분에 많은 비를 내리게 합니다. 이를테면 봄베이에서는 5월에 고작 20밀리미터밖에 내리지 않는데도, 6월에는 500밀리미터 가까이 내립니다. 이 비가 어떤 형편으로 조금이라도 늦어지면, 그것을 학수고대하고 있는 작물은 바로 그 성장을 방해받습니다. 면을 비롯하여 차, 사탕수수, 쌀 등도 모두 그 영향을 받습니다. 가장 비가 많은 지역은 인도 북동부에 있는 아셈*(Assam)*지방으로, 여름비를 받기에 적당한 산이 남측 경사면으로 되어 있기 때문에, 비가 많기로는 세계 제일이라 일컬어지고 있습니다. 1, 2월경 인도차이나와 마찬가지의 북동풍으로, 육지에서 부는 건조한 바람이기 때문에, 인도의 대부분은 거의 비가 내리지 않고, 단지 실론섬 동측과, 마두라스*(Madras)* 부근 벵골만에 접한 지역에 약간 내릴 뿐입니다.

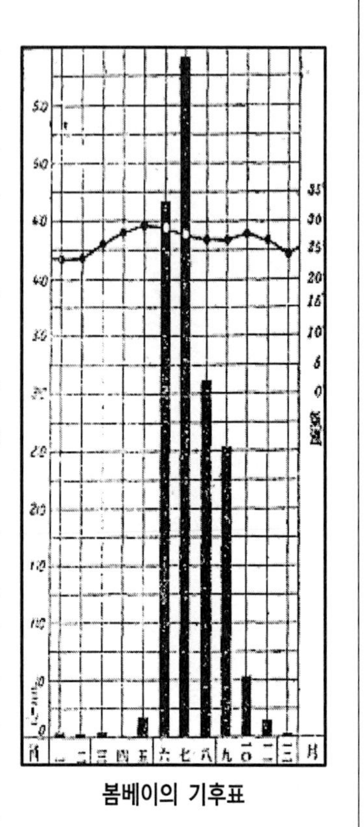

봄베이의 기후표

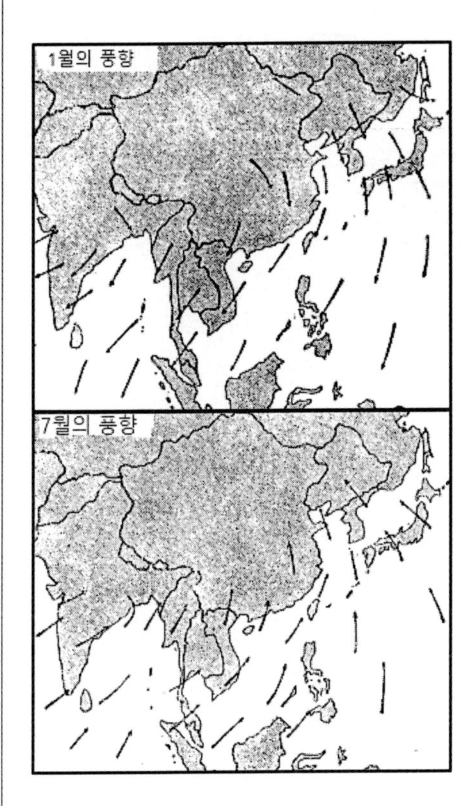

동아시아의 계절풍

아시아 동쪽의 일본을 비롯하여 만주, 중국, 인도차이나 등, 각지에서도 이러한 계절풍이 나타납니다만, 인도에서는 그것이 가장 심합니다. 이 계절풍은 동아시아 공통의 현상으로, 동아시아사람들은 이 바람에 의해 생육하고, 이 바람에 의해 생활하고 있다고 해도 좋을 정도입니다.

면·황마·철 계절풍의 비에 의하여 생육되는 인도산 면은 미국에 이어 세계 2위의 생산고를 나타내고 있습니다. 일찍이 우리나라는 인도에서 많은 면을 사들여, 그것을 면사로 만들고 면포로 직조하여 인도에 재수출하였는데, 그 양도 한때는 영국에서 들어오는 것을 능가 할 정도였습니다. 그래서 영국은 우리나라의 물품에 매우 높은 관세를 매겨, 우리나라와 인도를 힘들게 하였습니다.

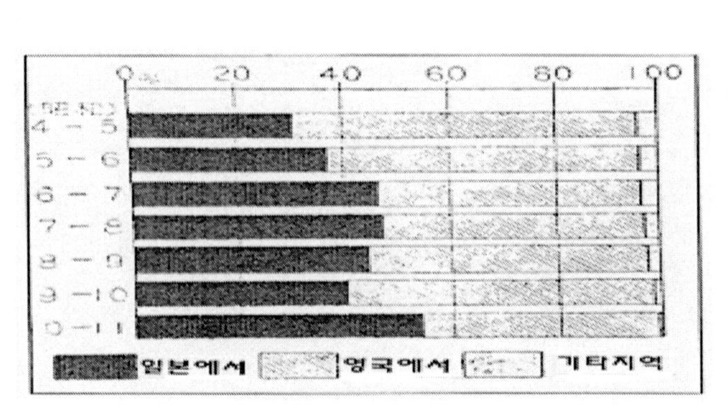

인도에 들어오는 면포의 비율

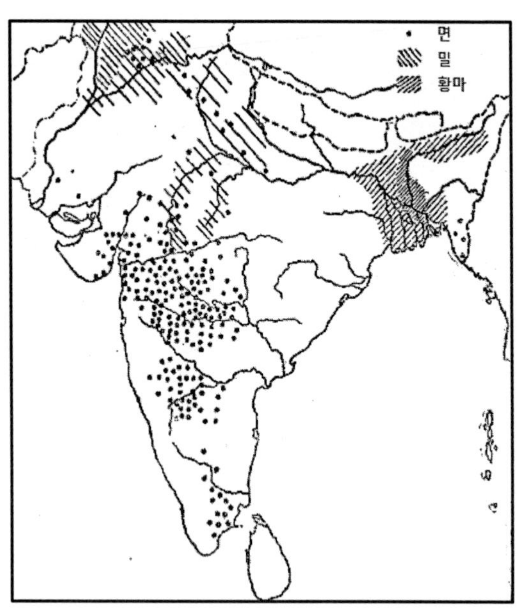

면・밀・황마의 분포도

이에 대해 우리나라에서는 어쩔 수 없이 인도산 면을 구매하지 않기로 한 적도 있었습니다만, 그것이 또 면을 재배하고 있는 인도 농민에게 피해를 주게 되어, 더욱 더 영국을 원망하게 되었습니다. 이러한 것만으로도, 얼마나 우리나라와 인도와의 관계가 깊은지를 알 수 있을 것입니다.

분포도에서 알 수 있듯이, 면은 데칸고원 북서부를 중심으로 생산됩니다만, 이 지역은 화산질의 검은흙으로 이루어져 있기 때문에, 땅을 미리 갈아 놓고, 6월의 비를 기다려 파종합니다. 이 토양은 수분을 잘 흡수하기 때문에, 면은 더할 나위 없이 잘 자랍니다. 재배된 면은, 봄베이에서 우리나라와 영국으로 보내집니다. 봄베이에는 일본인의 방적공장도 있었을 정도입니다.

봄베이의 면 출하

면 이외에 밀, 사탕수수, 황마, 유채, 쌀, 아편 등, 농업국 인도에 어울리는 생산품이 있습니다만, 이 가운데서도 인도를 대표하는 것 중의 하나는 황마입니다. 이것은 갠지스강 하류 저지대처럼 여름 내내 물이 마르지 않고, 더운 곳에서만 생육하는 작물로, 세계에서도 그다지 유례가 없는 특산물입니다. 우리나라에서 남경포대(南京袋)라는 마대의 원료가 되며, 그 밖에 직물이나 제지의 원료로도 사용됩니다. 황마는 지금까지 인도평야 입구에 있는 항구 캘커타에서 활발하게 해외로 송출되고 있었습니다.

캘커타

쌀이나 사탕수수는 생산액이 적지 않습니다만, 인도인의 식료품으로는 아직 부족하여, 이전부터 버마의 쌀과, 자바의 설탕을 사들이고 있었습니다.

콜롬보

차는 비가 많은 아셈*(Assam)*지방과 실론섬의 경사지에서 잘 자라며, 실론섬에서 생산되는 것은 콜롬보 항구에서 해외로 송출됩니다. 밀은 비교적 시원하고 비가 적은 오하(五河)지방에서부터 갠지스강 상류에 있는 수도 델리 부근 일대가 주산지입니다. 히말라야의 눈 녹은 물을 끌어와서 재배하는 경우가 많고, 겨울에서 봄 사이에 자랍니다.

광산물로는 석탄, 철, 망간 등이 알려져 있습니다. 철광은 각지에서 산출되며, 원래 우리나라에도 활발히 송출되고 있었습니다. 영국은 이전부터 본국의 물건을 팔기 위해, 인도의 공업이 발달하는 것을 반기지 않았습니다만, 최근에는 면이나 철을 이용하여 공업이 번성하고 있습니다.

영국과 인도의 주민 이상과 같이, 인도는 물산이 풍부한데도, 인도인 대다수는 실로 가난한 생활을 해 왔습니다. 그도 그럴 것이 인도가 120~130년 전부터 전적으로 영국의 지배를 받게 되었기 때문입니다. 3억 8,000만 인도인은, 불과 20만도 안 되는 영국인에 의해 지배당하게 된 것입니다.

인도는 불교의 발생지로, 석가는 지금으로부터 2,600여 년

안다만섬의 적전(敵前) 상륙

전에 출생하여, 갠지스강 유역에 살던 당시 인도인의 마음을 구원하였습니다. 그러나 현재는 불교를 믿는 사람이 비교적 적고, 대부분은 힌두교도(人道敎道)와 이슬람교도(回敎徒)입니다. 영국은 이들 신도를 서로 반목하게 하고, 또 인도 내의 왕이 있는 지역과, 영국이 직접 다스리는 지역 사이도 이간질하여, 인도의 독립을 방해하려 하였던 것입니다.

이렇듯 불쌍한 인도인에게도, 지금이야말로 궐기할 때가 온 것입니다. 대동아의 건설은 모든 아시아인이 그 공유사항을 함께 하는 것을 목표로 하고 있습니다. 우리들도 그것을 위해 앞으로 더욱 더 노력하지 않으면 안 됩니다.

인도양 인도양은 태평양 대서양에 이어 세계 제3대양의 하나로, 동쪽은 태평양에 연접하고, 북서쪽은 홍해, 수에즈운하를 넘어 지중해로 연결되며, 남서쪽은 아프리카 희망봉을 돌아서 대서양으로도 이어지고 있습니다. 태평양과 대서양의 차이는, 단지 북쪽이 아시아대륙으로 구분되어 있고, 적도 이북은 얼마 되지 않다는 점입니다. 인도양은 인도를 비롯하여 오스트레일리아, 아프리카의 동해안 등, 영국의 영토로 대부분 둘러싸여 있었습니다. 그것을 지키기 위해 영국은 실론섬의 콜롬보, 토린코마리*(Trincomalee)*, 아라비아반도 남단의 아덴*(Aden)*, 오스트레일리아의 다-윈*(Darwin)*, 남아프리카의 케이프타운 등에 해군기지를 견고히 하였습니다. 우리나라가 점령한 쇼난항은, 그 중 가장 중요한 곳이었습니다. 인도양 남서부에 있는 마다가스카르*(Madagascar)*는 우리나라 전체보다 조금 작은 정도의 큰 섬으로, 군사상 특히 중요합니다.

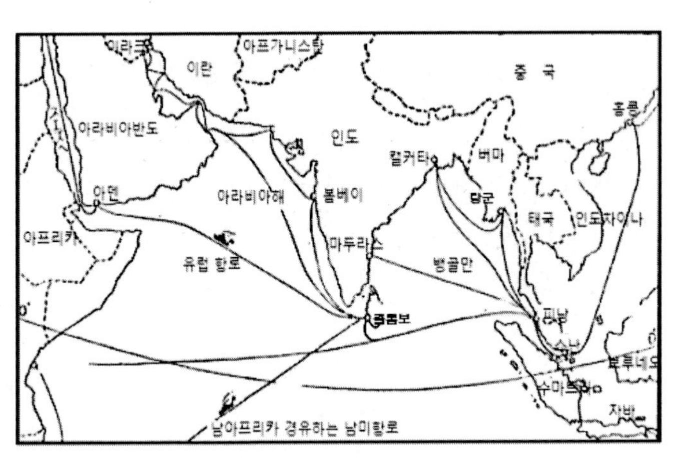

우리 인도양 항로

우리나라의 기선은 전쟁 전, 심한 계절풍이 불고, 풍파가 거친 인도양을 넘어서 유럽이나 아프리카와 활발하게 교통하고 있습니다. 그중에는 인도양을 비스듬히 횡단하여 남미로 다니는 배도 있습니다. 또 우리 어선도 멀리 이 방면으로도 진출하고 있을 정도입니다. 태평양전쟁으로 인도양 북동부의 섬들을 우리 군이 점령하고부터는 정세가 바뀌어, 우리 해군은 이곳으로 당당하게 진출하여 힘차게 활약을 계속하고 있습니다.

5. 서아시아와 중앙아시아

아시아대륙의 서부에 있는 서아시아는 유럽, 아프리카와 서로 이웃하고 있는 지역입니다. 이 지역은 인도 북서부의 아프가니스탄, 이란, 이라크, 아라비아반도, 서쪽의 터키, 코카시아 및 그 밖의 나라들로 이루어져 있습니다.

영국은 지중해를 넘어 수에즈운하를 지나, 아덴을 거쳐, 인도를 보호하기 위해, 미국과 함께 이 지역과는 최근 특히 깊은 관계를 맺고 있습니다. 러시아는 또한 북쪽에서 바다를 찾아 인도양으로 진출하기 위해 아프가니스탄에서 인도를 노리고, 이란으로 침입하고 있습니다. 독일도 역시 이 지역에 특별한 관심을 가지고 있습니다.

오아시스와 이슬람교도

우리나라는 원래 이 지역에 면직물(綿布)을 많이 수출하고 있었고, 이제는 인도양으로 진출하고 있는 관계로 보더라도, 이 지역을 소홀히 할 수는 없습니다.

서아시아의 북동부에 있으며, 내륙의 큰 평원을 이루는 지방이 중앙아시아로, 이곳은 완전히 러시아의 일부입니다.

고원과 뜨거운 사막 서아시아는 역사상 일찍이 개화된 메소포타미아평원을 제외하고 대개 고원으로, 내륙부는 여름에 특히 덥고 비가 적으며, 대부분은 사막으로 되어 있습니다. 고원의 초지에서는, 얼마 안 되는 양과 염소가 사육되고, 사막 안에서는 드물게 물이 솟아나는 오아시스 부근에서 적게나마 농업이 행해지고 있습니다. 오아시스 부근에는 보통 대추야자가 우거져 있어서, 멀리서도 그것을 볼 수 있습니다. 낙타를 탄 캬라반은 오아시스에서 오아시스로의 여행을 계속하며, 근래에는 자동차도 활발히 이용되고 있습니다.

대추야자

아프가니스탄은 인도와 러시아 영토 사이에 낀 나라로, 수도는 카불입니다.

이란의 원래 이름은 페르시아이며, 수도 테헤란에서 페르시아만으로 통하는 철도가 있습니다. 이 나라의 남부와, 남서부에서 이라크에 걸쳐 이름난 유전(油田)이 있어서 송유관이 사막을 달리며 페르시아만으로도, 또 멀리 지중해로도 닿아 있습니다.

티그리스강 중류에, 바그다드철도가 지나는 바그다드가 있는데, 근처에 바빌론의 유적이 있습니다. 하류에 있는 바스라*(Basra)*는 페르시아만으로 나오는 요지이고, 상류부근의 모술*(Mosul)*은 이라크방면 유전의 중심지입니다.

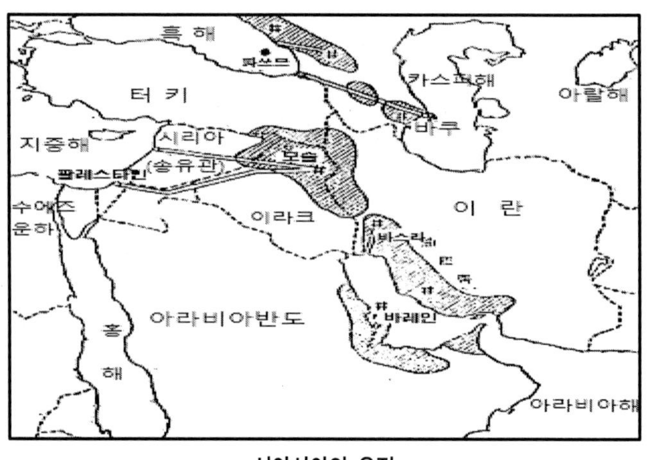

서아시아의 유전

흑해와 지중해 사이에 끼어 있는 소아시아반도의 고원국인 터키는 산업은 그다지 발달되어있지 않습니다만, 아시아와 유럽을 연결하는 정치적으로 대단히 중요한 지역으로, 내륙에는 수도 앙카라가 있습니다.

지중해에 면해 있는 시리아 지방에서는 올리브, 포도, 무화과, 감귤 등을 생산하고, 그 남쪽의 팔레스타인은 유대인의 향토입니다.

큰 고원 형태의 아라비아반도는, 아프리카와 수에즈운하에 접해 있습니다. 홍해에 임해 있는 고원 안에 메카와 메지나가 있으며, 남쪽 끝에는 중요한 아덴이 있습니다.

코카시아는 코카서스산맥의 북측에도 남측에도, 곳곳에 유전이 있으며, 특히 바쿠(*Baku*, 아제르바이잔의 수도)는 유명합니다.

아라비아의 도시

중앙아시아의 초원 동쪽은 중국의 산지와 파미르(*Pamir*)고원, 남쪽은 서아시아 고원으로 둘러싸인 중앙아시아는 모든 강이 바다로 흘러나가는 출구가 없습니다. 비가 거의 내리지 않기 때문에, 초원과 사막으로 이어지는데, 터키인이 곳곳에서 초지를 쫓아 양과 염소를 기르고, 또 강 언저리에서 끌어온 물로 면과 밀 등을 재배하는 사람도 있습니다. 동부의 높은 산지에서 흘러나오는 강을 막아서 수력전기를 일으켜, 그것을 이용하여 최근 러시아는 공업을 활발히 일으키고 있습니다.

이 지역은 옛날부터 천산남북로(天山南北路)를 개통하여, 동아시아와 유럽의 통로로 적절히 사용하고 있습니다.

이슬람교도(回教徒) 서아시아와 중앙아시아에 사는 사람들은 모두 아시아인으로, 이슬람교를 믿고 있습니다. 이슬람교는 지금으로부터 1,300여 년 전, 아라비아반도의 서부에서 발생한 종교로, 마호메트가 시작하였으므로 마호메트교라고도 합니다.

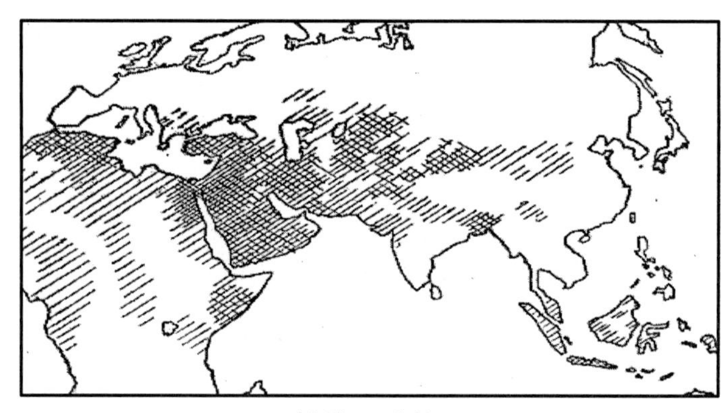

이슬람교도의 분포

사막과 같이 열정이 있는 종교입니다. 전 세계에는 약 3억의 이슬람교도가 있다고 합니다.

이 지역의 도시와 마을에는 규격화된 듯한 높은 뾰족탑과, 둥근 지붕의 이슬람사원을 볼 수 있고, 금요일에는 항상 이슬람교도의 열정적인 예배가 행해집니다. 이슬람교도는 우리나라에서 사들인 흰색 천을 이용하여, 보통 옷자락이 긴 옷을 입고 있습니다. 대체로 벽돌이나 석회를 발라 지은 집이 많고, 지붕은 비가 적어서 평평한 것이나 이슬람식의 둥근 지붕을 볼 수 있습니다.

이 지역은 또한 기독교가 발생한 지역으로, 지중해에 가까운 예루살렘은 기독교의 성지입니다.

6. 시베리아

만주와 우리나라 북쪽 변방 일대에 펼쳐져 있는 시베리아는 우리나라의 약 18배 크기입니다만, 그 대부분은 북위 50도보다 북쪽에 있어서, 사할린이나 북만주보다 더 한랭한 지방입니다. 지금으로부터 300여 년 전 러시아인은 우랄산맥을 넘어서 이 지방 일대로 진출하였습니다.

썰매

이 지역에 사는 러시아인의 일부는 흑룡강유역이나 시베리아 서쪽의 오비강, 에니세이강 등의 상류에 인접한 평원으로, 여름 동안 조금 높아진 기온과 해가 긴 점을 이용하여 밀, 귀리, 감자, 사탕무 등을 재배하고 있습니다. 대체로 겨울에는 벽 안에 화기를 담아 방을 따뜻하게 하는 페치카(벽난로)로 겨우 추위를 견디고 있습니다.

시베리아에는 침엽수와 자작나무가 많은 넓은 삼림지대가 있어서, 거기서 벌채하는 목재로서, 연료수급은 조금도 불편하지 않습니다. 따라서 펄프의 원료도 무진장이라 해도 좋을 정도입니다. 또 삼림지대에 사는 여우나 담비 등의 모피는 이 지역 사람들의 좋은 방한구(防寒具)가 됩니다.

툰드라와 순록

한편 시베리아 북부, 북극해에 임해 있는 일대의 지역은 툰드라지대라 하는데, 나무도 자라지 못하고 일 년 내내 땅 속이 얼어 있습니다. 다만 그 일부는 여름동안만 지면에 이끼가 자라서, 그것으로 순록이 사육됩니다. 주요 강은 북쪽으로 흐르고 있습니다만, 하류는 툰드라지대에 있기 때문에 물은 잘 빠지지 않습니다. 북극해에서는 여름에 해당되는 기간만 얼음이 녹기 때문에 배도 베링해협을 건너서, 태평양에서 대서양으로 빠져 나갈 수 있습니다.

우리 북양어업과 북사할린의 석유 · 석탄 일본해의 북부에서 오호츠크해, 베링해에 걸쳐서 행해지는 이른바 북양어업은, 우리나라가 일찍부터 그 어장 일부를 개발했던 것이며, 특히 러일전쟁의 승리에 따라, 비로소 전체의 권익이 확실해진 것입니다. 매년 4월부터 9월말까지의 어획기에는 약 4만 명의 우리 어부들이 멀리 떨어진 북양으로 진출하여, 짙은 안개나 풍파와 그 밖의 모든 난관을 극복해가며 용감하게 활동합니다. 이렇게 해서 많은 연어, 송어, 대구, 가자미, 왕게 등을 잡으며, 그 중에서 연어와 왕게는 배 안에서 혹은 지시마열도 북부의 슘슈(占守), 호로무시로(幌筵) 등의 섬들이나 캄차카반도의 해안 등에서 통조림으로 만들어집니다.

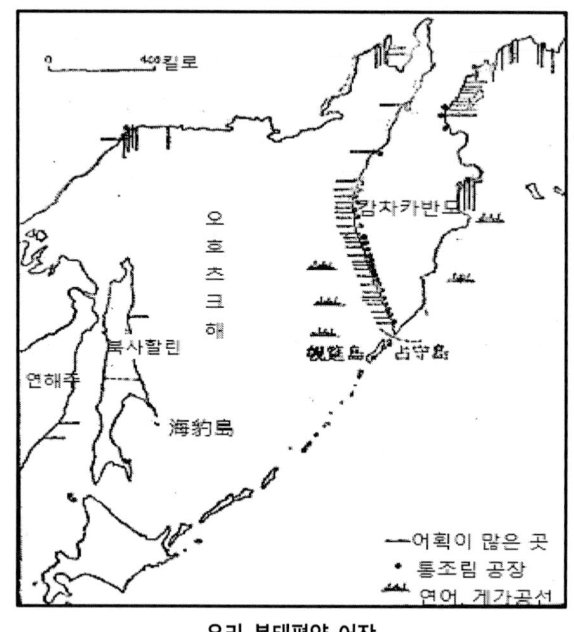

우리 북태평양 어장

북사할린은 북위 50도를 경계로 하여, 우리 남사할린과 접하고 있습니다만,

소라게와 가자미

끝없이 침엽수림이 이어지는 경치를 보는 것만으로도 남과 북의 구별이 없이 하나로 이어지는 지역이라는 것을 알 수 있습니다. 또 사할린과 마미야해협을 사이에 두고 마주하고 있는 연해주 일대도 삼림이 많은 지방입니다.

북사할린에는 우리나라와 관계가 깊은 유전이나 탄전이 있습니다. 동해안의 오하*(Okha)*와 가탄구리*(katanguri)* 등을 중심으로 하는 유전에서, 우리나라 회사에 의해, 연간 약 20만 톤 이상의 석유가 채취되고, 또 서해안 도에*(Douhet)*를 중심으로 하는 탄전에서 많은 석탄이 역시 우리나라사람의 손에 의해 채굴된 적이 있습니다.

일본 · 만주 · 러시아의 국경 러시아는 만주국 북반부의 국경을 빙 둘러싸고 있고, 또 남동쪽 방면에서는 우리 조선과 직접 국경을 접하고 있습니다. 그 국경은 앞서 만주지방에서 조사하였듯이 이동하기 쉬운 강으로 경계 지어진 곳이 많고, 또 외몽고와의 사이는 확실히 구별하기 어려운 황야 등으로 경계지어 지고 있습니다. 또한 러시아의 태평양함대 근거지이자, 비행기지인 블라디보스토크는 일본해를 사이에 두고 우리나라와 매우 가까운 곳에 있으므로, 도쿄와는 불과 1,000킬로미터 남짓, 비행기로 3시간 정도밖에 떨어져있지 않습니다.

블라디보스토크

시베리아철도 블라디보스토크를 출발하여 하바롭스크, 치타, 이르쿠츠크 등을 거쳐 멀리 유럽에 도달하는 철도를, 흔히 시베리아철도라 부릅니다. 조선에서는 만주의 도시들을 지나, 북서부에 있는 국경마을 만주리(滿洲里)에서 이와 연결되며, 예전에는 여행도 물자수송도 자유롭게 이루어지고 있었습니다.

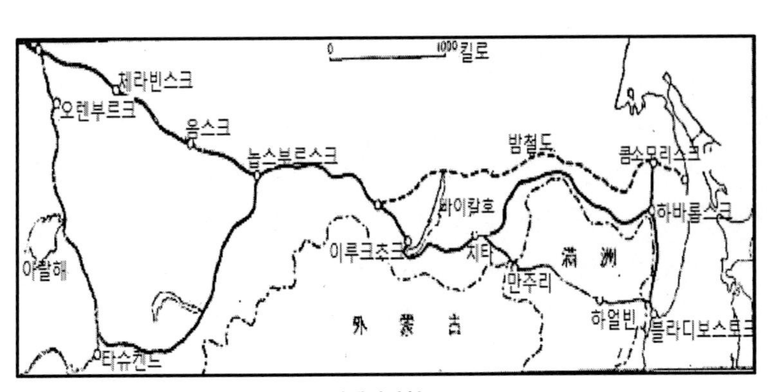

시베리아철도

지도에서 알 수 있듯이 시베리아철도와 흑룡강 등을 따라 주요 도시들이 있는데, 특히 공업 지역으로는 바이칼호 남서쪽에 있는 이르쿠츠크와 흑룡강 하류에 인접한 하바롭스크, 콤소몰스크(*Комсомо́льск*) 등이 유명합니다. 흑룡강은 겨울동안에는 얼어 있습니다만, 뒤로는 수운도 편리하여 바다로의 출구로서 니콜라엡스크(*Никола́евск*)가 있습니다.

시베리아철도 부근의 산지에는 금, 은, 철, 석탄 등도 많이 있는 듯합니다. 또 서쪽의 오비강 상류에 인접한 노보시비르스크(*Новосиби́рск*)와 스탈린스크(*Stalinsk*) 방면에서는, 부근에서 나는 철과 석탄을 이용하여, 중공업이 활발히 이루어지고 있습니다. 최근에는 시베리아철도의 북쪽을 지나는 밤(*Bam*)철도가 계획되어, 그 일부는 이미 개통되어 있습니다.

7. 태평양과 그 섬들

북쪽은 안개와 폭풍의 베링해로부터 남쪽은 산호초가 떠있는 열대의 바다를 넘어, 또 얼음으로 막힌 남극해까지, 서쪽은 아시아대륙에서 동쪽은 남북아메리카까지, 이 사이에 끼어 있는 태평양은 지구 표면의 3분의 1을 차지하여, 대서양의 2배나 되는 넓이입니다.

이 크나큰 태평양 안에 셀 수 없을 만큼 많은 섬들이 하늘의 별처럼 흩어져 있습니다. 남서태평양의 큰 섬들을 비롯하여, 수면위에 보일 듯 말 듯 아른거리는 산호초로부터 3,000미터 이상 높이의 섬들까지, 여러 종류의 섬들이 이 큰 바다에 포함되어 있습니다.

간조(干潮) 때의 산호초

섬들에는, 제각기 별도의 생활을 하며, 이상한 풍속이나 관습을 가진 주민이 있는가 하면, 배라는 편리한 교통기관으로 연결되어, 생각지 않은 곳에 생각지도 못한 친척 같은 주민을 발견할 수 있습니다. 이 중에는 아직 발견되지 않은, 이른바 무인도조차 있으리라고 생각됩니다.

산호초와 통나무배

아무리 작은 섬이라도, 그것이 중요한 지역에 해당된다면, 군사상 교통상 대단히 중요한 비행기나 잠수함의 기지가 될 수 있기 때문에, 각 나라는 일찍부터 그러한 섬들을 소홀히 여기지 않았습니다. 우리나라는 제1차 세계대전 이후 남양군도를 통치하고 있습니다만, 그것은 태평양에서 일본의 힘을 확장하는 차원에서 보면, 대단히 중요한 일이었습니다.

안개의 알류샨 태평양 북쪽 끝에 있는 베링해를 경계로 하면서 아시아와 아메리카 사이를 염주처럼 연결하고 있는 것이 알류샨열도입니다. 이 열도는 많은 화산섬들로 이루어져, 우리 지시마열도와 매우 비슷합니다. 열도의 남쪽을 구로시오가 흐르고, 북쪽 베링해의 차가운 공기와 구로시오를 타고 온 따뜻한 공기가 정확히 이 열도 부근에서 만나기 때문에, 심한 농무 즉 가스가 발생하여, 이 열도를 감싸고 있습니다. 따라서 공기는 한랭하여, 나무의 생육을 거의 허용하지 않습니다. 사계절 내내 구름이 많고, 여름에는 짙은 안개에 갇히며, 겨울은 서풍이 심하게 부는 것이 이 지방 기후의 특징입니다. 하지만 매년 4월이 지나면 점차 낮이 길어지고, 5월은 알류샨으로 이어지는 알래스카의 유콘강 얼음도 녹기 시작하여, 6월부터 9월까지는 안개로 막혀 있으면서도 그럭저럭 배의 항해가 가능합니다.

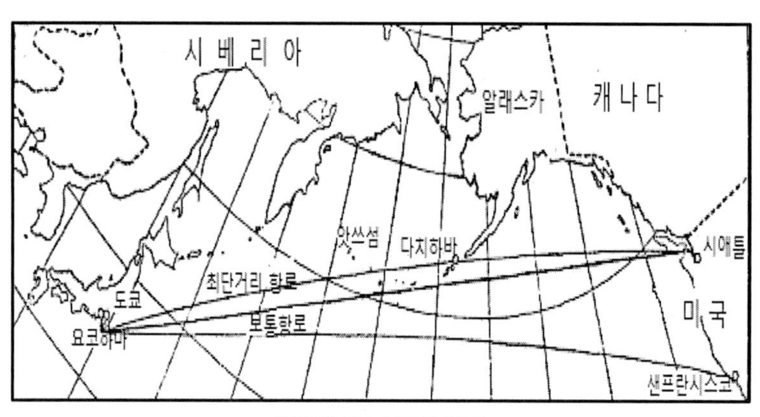

알류샨열도 인근의 항로

이 지역은 동아시아를 향한 미국의 북쪽 침공로에 해당하고, 다치하바(*Dutch Harbor*)는 적의 가장 유력한 근거지입니다.

이 열도 부근은 지도에서 알 수 있듯이, 북태평양의 중요한 항로에 해당합니다. 즉 요코하마와 시애틀 간의 최단거리 항로에 해당합니다.

섬들에는 1,000명이 안 되는 주민이 살고 있으며, 바다에서는 강치와 연어가 잡히고, 육지에서는 여우 등을 기르거나, 또 일부는 순록을 기르며 생활하고 있습니다.

원래 북태평양 일대는 수산업의 보고로 일컬어지는데, 연어, 대구를 비롯한 어류나 바다짐승이 매우 풍부하기 때문에, 우리 북양어업은 앞으로 이 지역에서도 한층 진전할 것이며, 뛰어난 고기잡이기술(漁法)에 의해 활발하게 어획고를 올릴 것으로 생각됩니다.

하와이와 미드웨이 1941년 12월 8일 새벽, 돌연 진주만 대폭격이 감행되어 태평양전쟁의 서막이 열리게 되었습니다.

진주만 공격

하와이제도는 태평양에서 중대한 위치를 차지하고 있습니다. 요코하마에서 호놀룰루까지는 3,400해리, 즉 6,300킬로미터, 호놀룰루에서 미국 샌프란시스코까지는 약 2,100해리, 또 오스트레일리아의 시드니까지는 4,400해리, 파나마운하까지는 4,700해리로, 하와이는 정확히 태평양의 십자로에 해당됩니다.

미국은 전쟁 전, 그 큰함대를 이곳에 집결시켜놓고, 동아시아를 주시하고 있었습니다만, 우리 용감한 해군 앞에서는 잠시도 지탱하지 못하고 일거에 대부분 격멸당하고 말았습니다.

하와이의 섬들은 북회귀선보다 약간 남쪽에 있어서, 무역풍이 끊임없이 불고 비도 적당하게 내리므로 비교적 시원하여, 사계절 내내 초여름 같은 기후입니다. 화산섬으로, 토질도 좋아서 사탕수수와 파인애플을 산출합니다.

호놀룰루와 진주만이 있는 오아후(*O'ahu*)섬은 제주도보다 좁은 섬입니다만, 오래된 화산 사이의 완만한 계곡에, 밭이 잘 개간되어 있습니다. 일본인이 가장 많이 살고 있는 곳도 이 섬입니다.

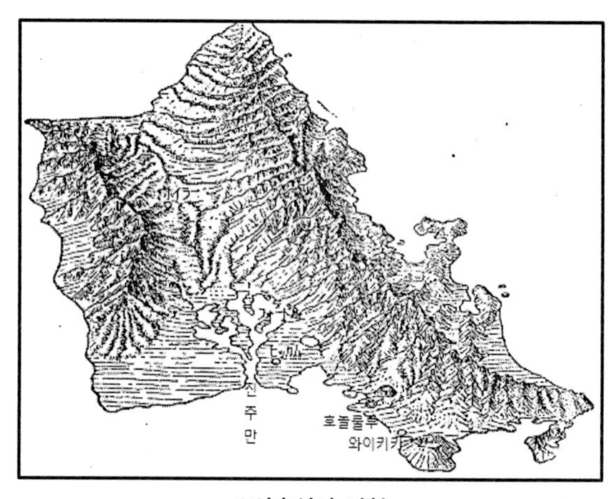

오아후섬의 지형

원래 일본인의 수는 하와이제도 전체에 걸쳐 16~17만 명에 이르며, 전체 인구의 약 40%를 차지하고 있는데다가, 농업, 수산업을 비롯한 많은 산업은, 대부분 일본인의 손에 의해 이루어지고 있으므로, 하와이제도는 이를테면 일본의 섬이라고 볼 수 있는 것입니다. 오아후섬 남동쪽에 있는 하와이섬은 가장 큰 섬으로, 농업이 활발하고, 섬 안에는 4,000미터를 넘는 높은 화산이 두 개나 있으며, 항상 용암을 분출하고 있는 화산이 있는 것으로 유명합니다.

미드웨이는 하와이제도의 서쪽에 있습니다. 직경 약 10킬로미터의 둥근 산호초 안에 2개의 섬이 있으며, 원래부터 해저전선이 지나고 있는 곳이었습니다만, 그 후 미국 해군기지로서 오도리시마(大鳥島), 괌, 마닐라 등, 우리 군에게 재빨리 점령당했던 기지와 연결하는 중요한 장소였습니다. 우리 해군은 이 섬도 자주 폭격하고 있습니다.

사모아와 피지 하와이제도의 서쪽과 남쪽에 흩어져 있는 무수한 작은 섬들 중에는 중요한 많은 섬들이 있어서, 우리 해군의 폭격을 받은 곳도 적지 않습니다. 특히 적도보다 남쪽에 있고, 미국 본토와 오스트레일리아나 뉴질랜드를 연결하는 통로에 있는 사모아와 피지 등의 섬들은 해저전선이 지나고, 항로에 해당되고 있는 것으로 보아도 곧바로 중요하다는 것을 알아차릴 수 있겠지요.

사모아제도는 수십 개의 작은 섬의 집합으로, 코코야자와 빵나무(パンの木)로 가득 차 있는 남태평양의 아름다운 섬들 중 하나입니다.

이 섬들의 주민 중에는 어둠 속에 마귀가 살고 있다 믿고, 그것을 두려워한 나머지 한밤중에도 등불을 켜고 있는 사람들도 있습니다. 섬 한복판의 뉴질랜드가 통치하고 있는 압피아 *(Apia)*항은 이전부터 미국과 오스트레일리아 간의 항로에 해당되고, 또한 파고파고*(Pago Pago)*는 미국 해군 근거지 중 하나입니다.

사모아의 남서쪽에 있는 피지제도는 크고 작은 이백 수십 개의 섬으로 이루어져 있는데, 비교적 큰 비티레브*(Viti Levu)*섬에 있는 수바는 특히 요지이고, 산호초 안쪽은 파도가 잔잔한 좋은 항구입니다. 원래는 식인 풍습을 가진 주민이었습니다만, 영국인이 들어오게 되면서 여러 가지 병에 감염되어 인구가 점점 줄어들었습니다. 홍역 때문에 한 번에 수만 명이 죽은 적도 있었습니다.

사모아제도의 남동쪽에는 타히티*(Tahiti)*섬이 있는 소시에테제도와 쿡제도가 있고, 우리 남양군도의 남동쪽 가까이에는 길버트*(Gilbert)*제도, 오션*(Ocean)*섬, 나우르*(Nauru)*섬 등이 있습니다. 오션섬과 나우르섬은 앙가우르*(Angaur)*섬과 마찬가지로 인광(燐鑛)석을 캘 수 있어 유명합니다.

타히티섬의 주민과 야자

니켈의 섬 뉴칼레도니아 피지제도와 오스트레일리아 사이에 있으며, 시코쿠보다 조금 큰 섬이 뉴칼레도니아(*New Caledonia*)입니다. 이 섬에는 니켈, 크롬, 철이 산출되는데, 모두 이전부터 우리나라에 송출되고 있었습니다. 니켈은 특히 유명하여 캐나다에 이어 세계 제2의 산지입니다. 이 광산에서 일하기 위해 이곳으로 건너온 우리나라사람들이 한때는 천 수백 명을 넘었는데, 훗날 상업과 농업 등 각 방면에서 일했습니다. 프랑스는 이 섬으로 죄수를 보냈는데, 그들의 자손만 해도 수백 명에 이릅니다. 섬의 남단에 있는 누메아(*Nouméa*)는 좋은 항구입니다. 뉴칼레도니아와 피지제도 사이에는 솔로몬제도로 이어지는 뉴헤브라이즈(*New Hebrides*)제도가 있습니다.

남방의 해안 맹그로브

양모와 밀의 호주 호주는 우리나라와는 적도를 사이에 둔 남쪽 끝에 있어, 우리나라와 비슷한 위치에 있습니다.

우리나라와 오스트레일리아를 비교해 보기 위해, 이를 서로 겹쳐 맞춰보려면, 지도와 같이 오스트레일리아를 거꾸로 해 보아야 합니다. 우리나라에서는 남쪽 타이완이 기후에 있어 아열대성을 나타내고 있는데, 호주에서는 반대로 북쪽만큼 열대성인 것입니다. 그래서 도쿄와 시드니는 비슷한 위도에 있어서, 어느 쪽도 기후가 좋다는 것을 알 수 있습니다.

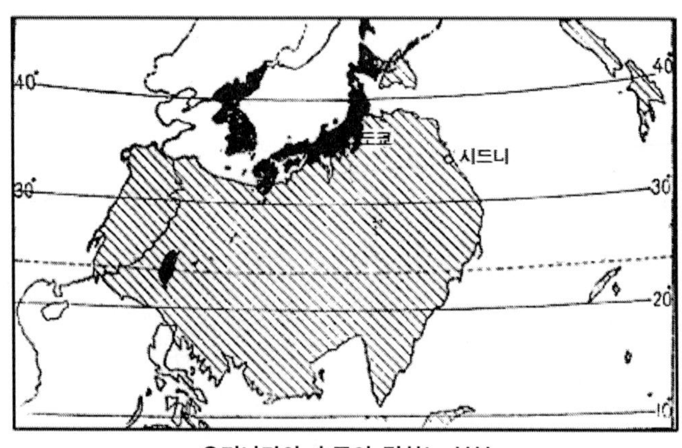

우리나라와 호주의 겹치는 부분

호주는, 크기가 우리나라의 11배나 됩니다만, 인구는 불과 700만으로, 도쿄도의 인구 정도밖에 되지 않습니다. 이전부터 살고 있던 주민은 100만 명이나 있었지만, 100여 년 사이에 5만 명 정도로 줄어버렸습니다. 이는 본국에서 흘러들어 온 영국인과 그 자손들이 주민을 괴롭히고, 매우 잔혹한 처사를 했던 까닭입니다.

호주의 북부 일대에는 열대다우지역이 있고, 중앙으로부터 서

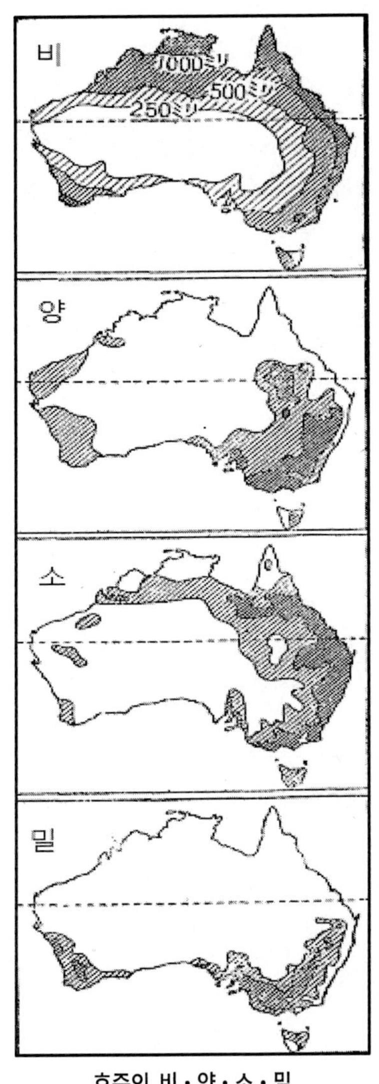

호주의 비·양·소·밀

쪽에 걸쳐 사막이 있는데, 영국인이 살기에 적합하지 않은 지역이 넓게 펼쳐져 있습니다. 그러나 그러한 지역도 기존에는 결코 아시아인에게 허용하지 않았고, 이른바 백호(白濠)라 하여, 영국인 이외에는 완전히 문호를 폐쇄하고 있는 상황입니다. 그 안에 2천 명 정도의 일본인이 있는 것은 목요섬(木曜島, *Thursday Island*) 등에서 행해지는 진주조개의 채취에, 아무래도 일본인이 필요했던 까닭으로, 이것도 그들이 제멋대로 구실을 붙여 허용했던 것에 지나지 않습니다.

호주는 세계 제일의 양모 산지입니다. 메리노(*merino*)품종의 양이 많은데, 이것은 원래 건조지에 적합하여, 습기가 많거나 강우량도 연간 1,000밀리미터 이상이 되는 토지에서는 병에 걸리기 쉽습니다.

게다가 그다지 비가 내리지 않는 곳, 예를 들면 500밀리미터 이하에서는 목초가 잘 자라지 못하기 때문에, 사육하는데 불리합니다. 호주의 동부에 있는 산맥 서쪽의 완만한 경사지는 비가 적당하게도 600~700밀리미터 정도 내리므로 양을 사육하기에는 실로 절호의 땅입니다. 그래도 해에 따라서 비가 매우 적게 내릴 때에는 양이 쓰러지는 일도 있습니다. 또한 풀을 다 먹어 치워버리는 산토끼도 양의 경쟁자로 우려되고 있습니다. 그래서 비가 적은 지방에서는 활발하게 땅을 파서 우물을 만들고, 또 산토끼를 방지하기 위해서는, 곳에 따라 지상과 지하에 각각 약 1미터 정도의 철망을 길게 둘러쳐서 방지하고 있습니다.

양 떼

소도 세계적으로 유명한 산지입니다만, 이것은 약간 더운 지방에서도, 또 비가 많은 지방에서도 사육할 수 있습니다. 밀의

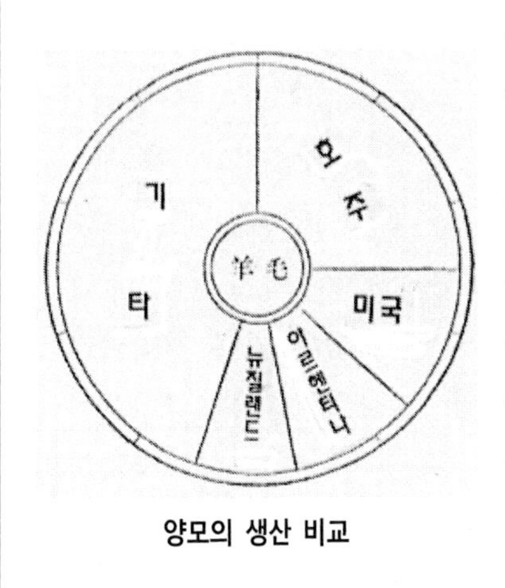

양모의 생산 비교

분포가 불과 남부지방에 한정되어 있는 것은, 북만주와 비슷하게 비가 적은 온대에 적합한 까닭입니다. 이렇게 산출되는 양모, 소가죽, 밀 등은 주로 영국으로 송출되는데, 이전에는 일본으로도 많이 수출되었습니다. 호주에는 이 밖에도 금, 석탄, 아연, 납 등도 산출됩니다.

동해안에는 시드니, 뉴캐슬, 브리즈번, 타운즈빌 등의 도시가 늘어서 있고, 남해안에는 멜버른이 있습니다. 또 동인도의 섬들 가까이에 다윈이나 그밖에 주목해야 할 요충지가 있습니다. 시드니는 깊숙이 후미진 곳에 있는 상공업의 대중심지이고, 그 남서쪽 약 250킬로미터의 캔버라에는 총독이 있습니다.

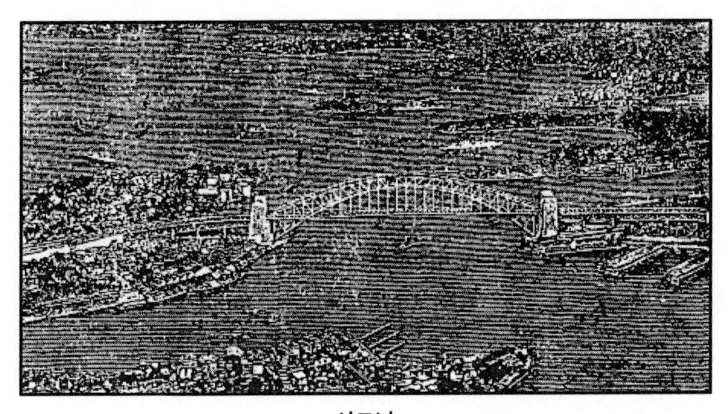

시드니

2개의 섬 뉴질랜드 남태평양의 가장 남쪽에 있는 뉴질랜드는 2개의 섬, 즉 북섬과 남섬으로 이루어져 있는데, 전체의 모양이 가늘고 길다는 점, 지진이 많다는 점, 화산이 있다는 점, 온천이 있다는 점, 풍경이 아름답다는 점, 온대에 있다는 점 등에서 우리나라와 아주 흡사한 곳입니다. 다만 이 섬들은 남쪽으로 갈수록 추워지는 것이 우리나라와는 다른 점입니다.

크기는 혼슈와 규슈를 합친 정도인데, 그런데도 인구는 고작 160만 명에 지나지 않습니다. 대부분은 영국인입니다만, 원주민인 마오리*(Maori)*족은 8만 명 정도이며, 얼굴형이나 언어나 무예를 숭상하는 정신 등이 일본인과 비슷하다는 점에서, 우리나라에 매우 친밀감을 갖고 있습니다.

밀과 양은 특히 남섬의 동쪽에서 많이 생산되며, 북섬에는 소가 많이 사육되고 있어, 인구 1인당 소와 양의 마릿수가 세계에서 가장 많을 정도입니다. 젖소도 많아서 양질의 버터와 치즈가 생산되고, 양모와 함께 웰링턴이나 오클랜드에서 출하됩니다.

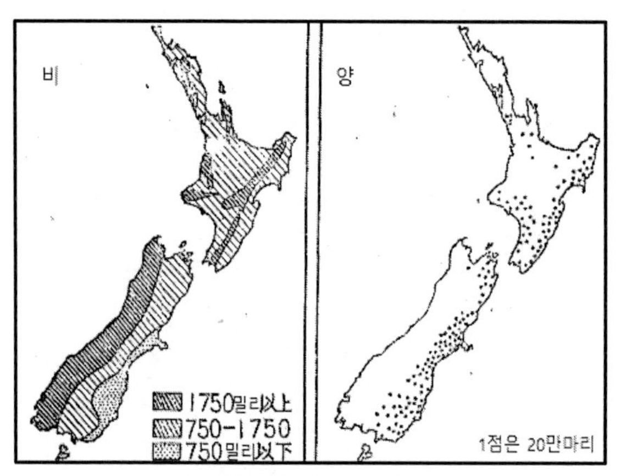

뉴질랜드의 비(雨)와 양(洋)

호주와 뉴질랜드의 남쪽은 멀리 남극해로 이어집니다. 그곳은 우리 포경선이 활약하는 곳으로서 주의하지 않으면 안 됩니다.

환태평양 지역과 일본의 미래 태평양을 둘러싼 대륙과 섬들 가운데, 우리 혼슈나 파푸아(*Papua*)섬, 그리고 남북아메리카 등에서는, 해안에 인접한 산들이 3,000~4,000미터 높이로 솟아 있습니다. 그렇게 거기에 인접하여 이어지듯 해저에는 푹 파인 깊은 곳이 계속되며, 때로는 우리나라의 남동부에 있는 일본해구나 필리핀 동쪽에 있는 필리핀해구처럼 10,000미터 이상 깊은 곳이 있습니다. 또 이들과 관련이 있는 것처럼, 대륙의 가장자리나 섬들을 누비며 화산이 이어지고 있어, 환태평양의 섬들과 대륙은 실로 깊은 연고가 있음을 드러내고 있습니다.

캄차카의 화산

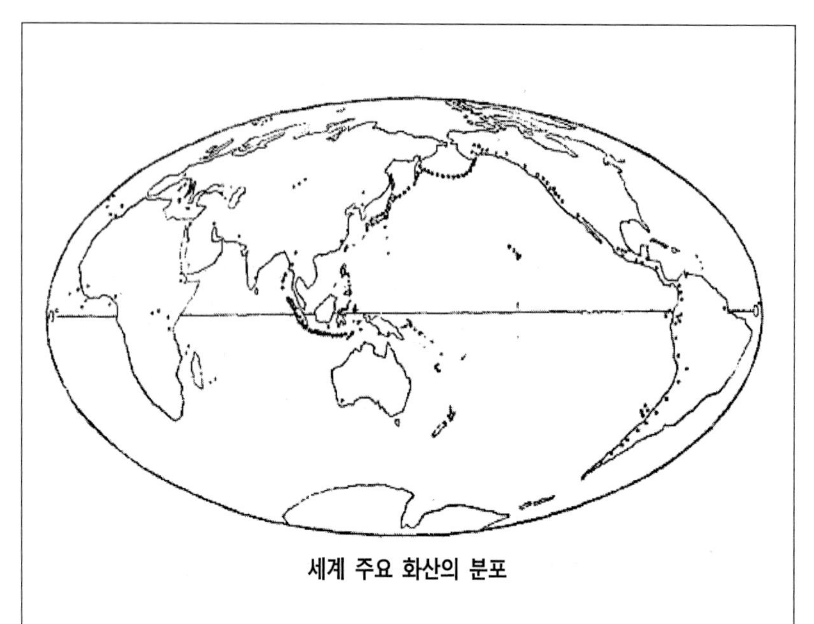

세계 주요 화산의 분포

북태평양에는 적도부근에서 발생하여, 우리나라 남동부를 스치면서 규칙적으로 흐르는 구로시오(黑潮)가 있어서, 그 따뜻한 공기를 멀리 북아메리카의 북서부 해안으로 운반합니다. 또 한편 베링해와 오호츠크해에서 우리나라 근해로 흘러내려오는 한류가 있습니다. 남태평양에도 이와 비슷한 흐름의 해류가 있어서, 먼 옛날부터 이들 해류는 교통이나 어업에 이용되어 왔습니다.

태평양과 아시아대륙 사이에는, 여름과 겨울에 방향이 다른 바람이 분다는 것은 동아시아 각 지역에서 배운 적이 있습니다만, 이 계절풍 외에, 태평양내의 무역풍이나 때때로 발생하는 태풍 그리고 열대의 스콜 등은 환태평양 지역이나 섬에 사는 사람들에게 큰 영향을 끼치고 있습니다.

마찬가지로 태평양의 대자연에 의해 양육되고, 성장한 중에서도 우리 대일본은, 그 옛날 신대로부터 해양국으로서 존재하고, 점차 번영하고, 더욱더 발전하여 오늘에 이르렀습니다. 바다와 친근했던 우리들의 조상은, 오야시마(大八洲, 일본의 예스런 이름)를 비롯한 많은 섬들을 지속적으로 훌륭하게 경영해 왔습니다. 근세 도쿠가와(德川)가문의 정책에 의해 잠시 쇄국하던 동안에, 태평양의 섬들과의 연락이 단절되었는데, 그 사이에 서양인들은 우리나라에 인접한 섬들까지 자기네 소유인 것처럼 제멋대로 행동하였습니다만, 이제 다시 태평양은 천황의 위광아래, 아시아의 바다로서, 그 본래의 모습을 드러내기 시작했습니다.

태평양과 그 섬들을, 그 이름처럼 태평하게 하는 것이야말로 해양 백성인 우리들 1억 동포가 짊어진 사명이라 하지 않을 수 없습니다.

8. 세계

육지로 바다로, 드넓게 펼쳐져 있는 대동아가, 우리나라를 중심으로 나날이 눈부신 약진을 계속하고 있는 모습에 대해서는, 이미 배운 그대로입니다.

세계에는 대동아 외에 아메리카, 유럽 및 아프리카 등이 있습니다.

세계지도를 펴 봅시다.

우리나라와 마주하여 태평양 동쪽에 있는 미국은, 그 중앙부근이 좁고 잘록한 모습으로 되어 있습니다만, 이 부근에서 북아메리카와 남아메리카로 나뉘어져 있습니다. 북아메리카에도 남아메리카에도 많은 나라들이 있습니다만, 그 중에서도 가장 세력 있는 나라는 미국입니다. 이 나라는 그 세력에 편승하여 세계를 지배하려는 속셈으로 온갖 부정한 짓을 다해가며 세계평화를 어지럽히고 있습니다. 우리나라는 이 나라를 격멸하기 위해서 싸우고 있습니다.

대동아의 서쪽에는 유럽과 아프리카가 있습니다.

유럽은 아시아의 서쪽에 있는 반도로도 볼 수 있을 정도로 매우 좁은 곳입니다만, 여기에 많은 나라들이 국경을 접하고 있습니다. 그 중에서도 힘 있는 나라는 우리의 동맹국 독일입니다. 독일은 우리나라와 힘을 합하여 서쪽의 영국과 미국, 동쪽의 러시아와 각각 싸우면서 유럽을 평안하게 하려고 힘쓰고 있습니다.

유럽의 남쪽에 지중해를 사이에 두고 위치하고 있는 아프리카는, 인도양과 서아시아에 의해 대동아와 서로 이웃하고 있습니다만, 지금은 거의 전부 구미(歐美)세력의 지배를 받고 있습니다.

9. 북아메리카와 남아메리카

아메리카의 주요도시가 어느 곳에 많은지 지도에서 조사해 봅시다.

북아메리카에서나 남아메리카에서도 산업, 교통, 문화 등의 중심이 되는 주요도시는 동부에 치우쳐 있는 것을 알 수 있습니다.

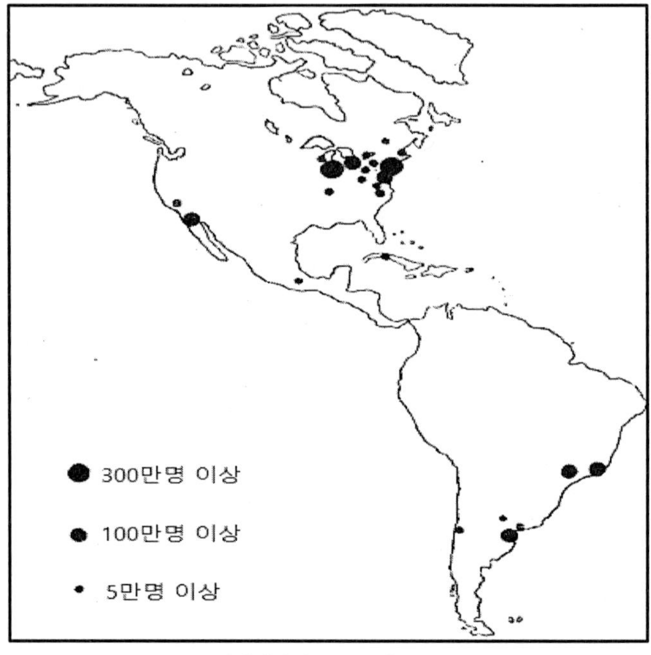

아메리카의 주요도시 분포

동부는 서부에 비해 사람들의 활동이 활발하여, 미국의 정면은 동부 대서양 연안에 있다고 할 수 있습니다. 이러한 점은 아시아가 태평양으로 정면을 향하고 태평양과 일체가 되기에 어울리는 모습을 나타내고 있는 점에 비해 크게 다른 점입니다.

아메리카의 중심이 동부에 치우쳐 있는 이유는 무엇일까요? 여기에는 여러 가지 까닭이 있는데, 먼저 아메리카의 자연을 조사해 봅시다.

록키산맥

북아메리카도 남아메리카도 서부에는 록키, 안데스 두 산맥을 비롯한 많은 산맥과 고원 등이 있습니다. 이들은 태평양을 둘러싼 화산대와 더불어 병풍을 세워놓은 것처럼 높이 솟아 남북으로 이어져 있습니다.

이에 비해 동부에는 작은 산지나 고원은 있습니다만, 대체로 드넓은 평지가 이어지며, 북아메리카에서는 미시시피강, 남아메리카에서는 아마존강과 라플라타강(*Río de la Plata*) 등이 이 땅을 적시며 완만하게 흐르고 있습니다.

또한 북아메리카도 남아메리카도, 서부는 대개 강우량이 적고, 지역에 따라 넓은 사막이 발달되어 있는 정도입니다만, 동부는 대체로 강우량이 풍부하고, 아마존강의 경우는 세계 제일의 수량을 자랑하고 있습니다.

아마존강

이처럼 자연적인 면을 고려해도 아메리카의 동부는 서부에 비해 주민이 활동하기에 형편이 매우 좋고, 이런 까닭에 큰 도시도 동부에 많이 발달하고 있는 것입니다.

더욱이 미국의 동부는 유럽에 가깝기 때문에, 대서양을 넘어 유럽에서 이주한 사람이 먼저 동부 대서양연안에 정착하였고, 그 후 점차 서쪽으로 진출한 것도 동부가 중심이 된 까닭의 하나입니다.

아메리카에는 원래 아시아출신의 사람들이 평온한 생활을 즐기고 있었습니다만, 대략 450년 전부터 유럽인들이 새로 이주하여 이곳 원주민을 심하게 압박하고, 자기들은 풍부한 자원을 개발하여, 오늘날 아메리카의 기초를 구축하였던 것입니다.

미국과 캐나다 등에는 영국에서 이주한 사람이 많으며, 멕시코 이남의 여러 나라에는 스페인, 포르투갈을 비롯하여, 남부 유럽에서의 이주자가 대부분을 차지하고 있습니다.

아메리카는 땅에 비해 인구가 적고, 미개한 지역도 많이 남아 있습니다. 이 때문에 예로부터 아메리카 여러 나라는 동아시아 사람들의 이주를 환영했던 것입니다. 태평양의 아득한 먼 바닷길을 마다하지 않고, 북아메리카와 남아메리카로 이주하여 농업을 비롯한 다양한 산업에 종사하고 있는 우리나라 사람들은, 그 수가 약 30만에 달하고 있습니다.

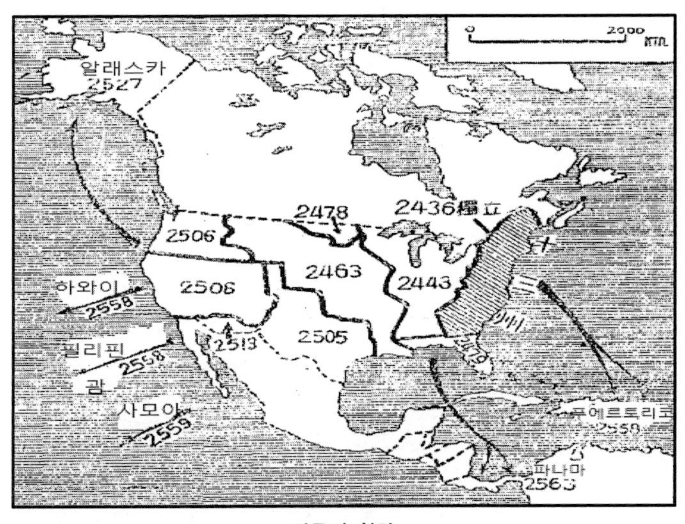

미국의 침략

그러나 우리 국력이 차츰 발전해가는 것을 시샘한 아메리카 여러 나라는, 미국을 위시하여 이들을 배척할 뿐만 아니라, 불법으로 우리국민의 이주를 금지하거나 제한하기도 하였습니다.

중국인들도 우리국민과 마찬가지로 배척당했습니다.

미국의 경우는, 동아시아 사람들을 배척했을 뿐만 아니라, 스스로 동아시아에 적극적으로 진출하여 동아시아를 침략한 것입니다. 그리하여 이제 이 나라는 아메리카 전체로 세력을 확장하고, 많은 나라를 억지로 회유하여 세계를 지배하려 하고 있습니다. 그러나 아메리카에도 아르헨티나를 비롯하여, 미국의 이러한 야심을 좋지 않게 생각하는 나라가 다수 있습니다.

교만한 미국 지금으로부터 약 170년 전 영국에서 분리되던 당시의 미국은 동부지역의 불과 13개주밖에 되지 않는 작은 나라에 지나지 않았습니다만, 점차 서쪽으로 진출하여 100년쯤 전에 태평양연안에 도달했습니다.

그 후 세력에 편승하여, 알래스카와 파나마에 양 날개를 펼치고 하와이, 괌, 필리핀, 알류산 등 태평양의 섬들을 수중에 넣고, 마침내는 중국을 비롯하여 동아시아 각지에 진출하여 태평양 물결을 크게 일렁이며 동양 침략의 야망을 한껏 드러냈습니다.

13개의 줄(條)과 48개의 별(星)로 이루어진 미국 국기는, 이 나라가 침략으로 그 영토를 확장한 것을 명확히 말해주고 있습니다.

미국은 태평양을 사이에 두고 우리나라와 거의 같은 위도에 있어서, 대부분은 온대에 위치하고 있습니다.

또 동부에는 넓은 평야가 펼쳐져 있는데, 북쪽 5대호와 남쪽 미시시피강은 이 평야의 교통, 관개(灌漑)에 도움을 주고 있어서 농업과 목축업이 발달하여 밀, 면화, 옥수수, 담배 등의 재배나 소, 돼지 등의 사육이 활발하게 행해지고 있습니다.

초원과 목축

또한 철, 석탄, 석유, 구리 등의 광산물도 많아, 5대호 연안에서 동해안에 걸쳐서는 대공업이 발흥하고 있습니다. 뉴욕과 시카고는 그 중심지입니다.

이처럼 여러 가지 산물이 풍부하기는 합니다만, 그러나 고무, 키나, 마닐라 마, 생사, 주석, 망간, 텅스텐 등은 모두 부족하고, 게다가 이러한 물자는 대동아에서만 다량 산출되고 있기 때문에, 미국의 손에 넣기 어려운 것입니다.

또한 미국은 전쟁을 위한 선박과 자동차가 부족하므로, 넓은 땅 각지에서 산출되는 물자를 자유롭게 운반할 수 없게 되어 매우 곤란한 지경에 있습니다.

그러나 다양한 자원을 갖고 있는 데다가, 주변에 강한 나라가 없는 틈을 타서 북아메리카와 남아메리카 전체를 미국의 형편에 유리하도록 무리하게 강요하고, 게다가 영국과 힘을 합하여 러시아를 이용하여 세계 패권을 주도하기 위해 힘쓰고 있습니다.

도시의 고층건물

동부 워싱턴은 이 나라의 수도입니다. 태평양연안에는, 시애틀, 샌프란시스코, 로스앤젤레스, 산티에고 등의 주요 항구도시가 있습니다.

파나마운하는 대륙가운데 가장 좁은 곳을 절개하여 만든 것으로, 태평양과 대서양의 출입구로서 중요한 곳입니다. 그래서 미국은 이 지대를 파나마국에서 무리하게 조차하여, 교통, 군사 등에 크게 이용하고 있습니다. 이제는 미국세력이 태평양으로 진출할 때의 가장 중요한 하나의 기지가 되고 있습니다.

파나마운하

캐나다 미국의 북쪽에 이어진 캐나다는 영국의 영토입니다만, 최근 미국 세력에 눌려 대부분 그 지배하에 있다 해도 좋을 정도입니다. 특히 미국령 알래스카가 캐나다 북부에 있기 때문에, 지금은 미국과 알래스카를 연결하는 통로(廊下) 역할도 하고 있습니다.

이 나라의 중심지대는 5대호연안을 비롯하여 미국과의 국경에 가까운 남부지방에서 밀의 재배 및 그 밖의 산업이 이루어지고 있습니다. 북부는 기후가 한랭하기 때문에 그다지 이용되지 않고, 인구도 얼마 되지 않습니다.

알래스카는 알류샨과 더불어 미국이 태평양에서 동아로 진출하는 중요한 근거지가 되고 있습니다.

아르헨티나와 브라질 남아메리카에서는 아르헨티나와 브라질이 알려져 있습니다.

아르헨티나는 남미에서 최강을 자랑하는 나라로, 미국의 압박에도 굴하지 않고 오랫동안 중립을 지키고 있었습니다. 이 나라에는 라플라타강이 적셔주는 비옥한 넓은 평야가 있고, 게다가 기후도 좋기 때문에 농업과 목축업이 활발합니다.

밀의 재배 및 양과 소의 사육이 많아서 밀가루, 양모, 육류 등의 수출이 많기로는 세계 굴지입니다.

밀(小麥)의 운송

수도 부에노스아이레스는 라플라타강에 임해 있는 수륙교통의 요지이자, 남반구 최대도시입니다.

부에노스아이레스의 곡물창고

브라질은 남아메리카에서 가장 면적이 넓은 나라입니다.

북부의 아마존강유역에는 평지가 넓게 펼쳐져 있습니다만, 적도 바로 아래 지역이기 때문에, 더위도 심하고 습기도 많아 밀림으로 덮여서 그다지 개발되지 못하고 있습니다. 근래 미국에 의해 고무가 재배되고 있습니다만, 그 생산액은 얼마 되지 않습니다.

남부에는 고원이 있고 기후도 좋아서 여러 가지 산업이 행해지고 있습니다만, 그 중에서도 커피의 재배가 활발하며, 생산액은 세계 제일입니다.

그러므로 이 커피 재배를 위해서 우리나라에서 이주했던 동포들이 수십 년 오랜 세월동안 노력을 계속해 왔던 것을 잊어서는 안 됩니다. 그 수는 무려 20만에 달합니다.

남미의 우리나라 사람들의 마을

수도 리오데자네이로 서쪽에 있는 상파울루 부근에는, 이들 동포들의 땀의 결정체인 훌륭한 커피농장이 드넓게 이어져 있습니다.

우리나라 사람들의 커피 수확

10. 유럽과 아프리카

대동아의 서쪽에 반도와 같은 형태로 이어져 있는 유럽은, 중국보다 약간 작은 정도입니다만, 여기에는 우리 동맹국 독일을 비롯하여 러시아, 영국 등과 같이, 세계적으로 그 명성이 알려진 나라들이 있습니다.

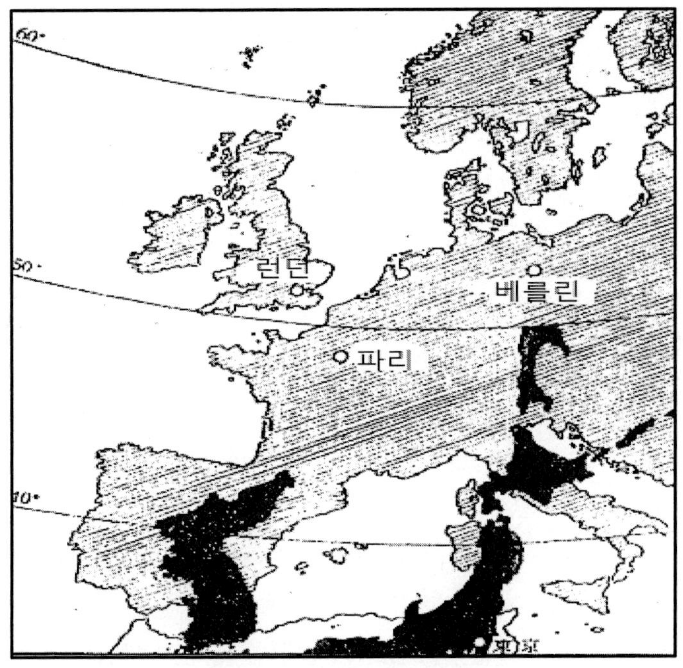

도쿄・베를린・런던의 위치

유럽은 그 위치가 북쪽에 있습니다만, 난류와 바람 등의 영향으로 비교적 따뜻합니다. 또 해안선의 드나듦이 심하고 평지도 많아서 해륙교통이 편리한데다 각지에 풍부한 탄전과 철광산이 있으므로, 공업을 발흥시킬 수 있었기에 문화도 진보하였습니다.

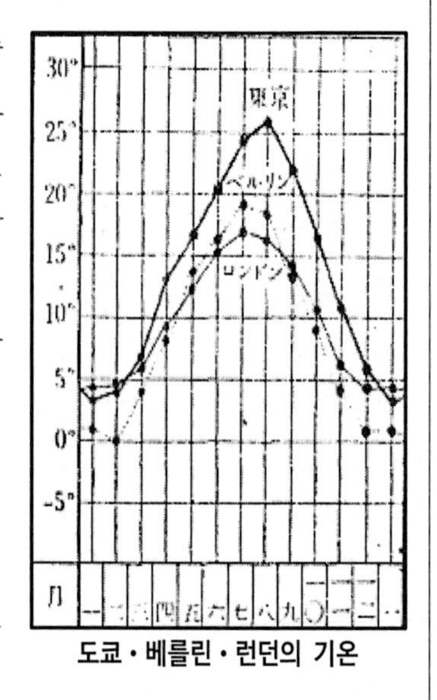

도쿄・베를린・런던의 기온

그러나 공업의 원료를 얻기 위해서나 제품을 판매하기 위해서는, 다른 지역을 이용하지 않으면 안 됩니다.

이 때문에 유럽 열강들은 앞 다투어 영토를 확장하는 일에 힘써, 대동아를 비롯한 아프리카와 아메리카 등지에 진출하였습니다. 영국의 경우는 하나의 작은 섬에 불과한 나라입니다만, 세계 각지를 침략하며 미국과 더불어 부정하기 그지없는 일에 진력했습니다.

아프리카는 지중해에 의해 유럽과 마주하고 있는 대륙입니다만, 일체의 모습이 유럽과는 현저하게 다릅니다.

면적은 유럽의 3배나 됩니다만, 인구는 5분의 1에 지나지 않습니다. 그리고 거의 대부분이 유럽과 미국 세력에 침범당하여 이름을 내세울 만한 나라도 없거니와, 산업이 활발한 지역도 없습니다.

나일강과 사막

독일의 발전 우리 동맹국 독일은 유럽의 중앙부에 많은 나라들과 국경을 접하고 있습니다. 일찍이 제1차 세계대전에서 패한 이후, 한때는 국력이 쇠퇴하였습니다만, 국운의 회복을 목표로 국민이 일치단결하여, 모든 어려움을 극복하고 산업을 부흥시키고, 국방을 정비하여, 마침내 미국, 영국의 압박을 물리치고 오늘날과 같은 강한 나라가 되었습니다. 지금은 프랑스, 네덜란드를 비롯한 유럽 대부분의 나라를 상대로 이들을 지도하면서 동으로는 러시아를 제압하고, 서로는 미국과 영국을 상대로 싸우고 있습니다.

지형이나 기후 등의 혜택은 그다지 없습니다만, 국민의 노력과 학문 및 기술의 진보에 의해, 토지의 이용은 매우 잘 이루어지고 있어서 농업, 임업, 목축업 등 모두 다 잘 발달되어 있습니다.

또 라인강유역을 비롯한 국내 각지에서 석탄과 철을 많이 생산하고, 게다가 전쟁에 의하여 석유나 곡물 등을 풍부하게 생산하는 지역을 지배하게 되었기 때문에, 독일의 세력은 한층 강해졌습니다.

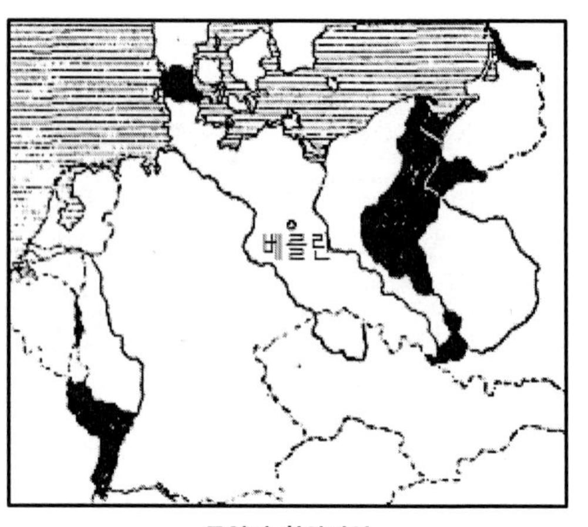

독일의 할양지역

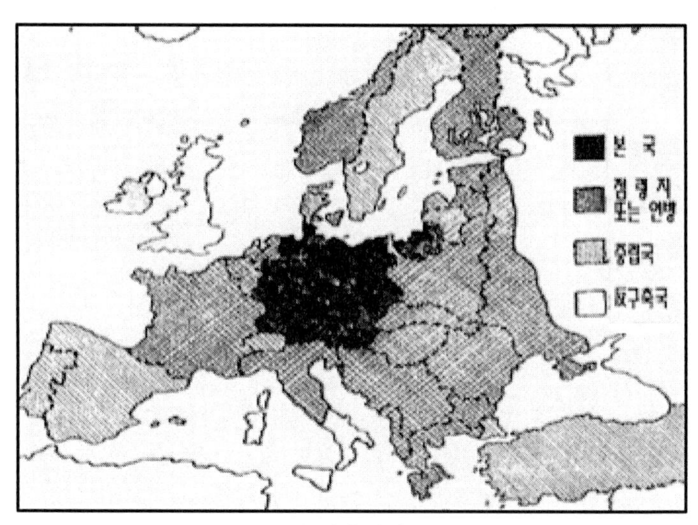

독일의 세력

그러나 우리나라와는 달라서 바다의 혜택은 없습니다. 단지 지금은 북쪽 노르웨이에서부터 남쪽 프랑스에 이르는 대서양 연안 일대를 점령하고 있습니다만, 그 전면에는 영국이 위치하고 있습니다. 또한 남쪽 지중해 방면에서는 이탈리아가 동요하고 있습니다. 이 때문에 해상활동은 육상만큼은 아닙니다.

육지에서 강한 독일이 바다로 힘차게 나아가는 날이야말로 유럽에 새로운 질서가 확립되는 시기겠지요.

베를린은 독일의 수도이자, 유럽의 정치, 군사, 경제의 중심지로서 중요한 도시입니다.

베를린

바다를 원하는 러시아 독일에 인접해 있는 러시아는 유럽에서 가장 동쪽에 있는 나라입니다. 유럽에서는 지형이나 기후 어느 쪽을 보더라도 서쪽이 사람들이 활동에 편리하므로, 가장 동쪽에 있는 러시아는 자연의 혜택이 적은 나라입니다.

오늘날 유럽의 전선(戰線)에서 러시아병사가 끈질기게 버티는 성질을 드러내고 있는 점을, 이러한 러시아의 자연에 비추어 생각해 봅시다.

러시아의 중심은 흑해 연안에서 우랄산 기슭에 이르는 지역으로, 농업과 공업이 행해지고 있습니다. 그러나 지금은 이 중요한 지역의 대부분을 독일에 점령당하고 있습니다.

러시아는 유럽에서 아시아로 이어지는 넓은 영토를 가지고 있습니다만, 위치가 북쪽에 치우쳐 있어서 좋은 해안이 없어서, 늘 활동하기에 적합한 바다를 찾으려고 노력하여, 유럽과 서부아시아 혹은 동아시아에 걸쳐 때때로 여러 나라와 전쟁을 하였습니다. 남쪽의 좋은 바다를 찾으려는 것은 옛날부터 러시아의 일관된 방침입니다.

수도는 모스크바입니다.

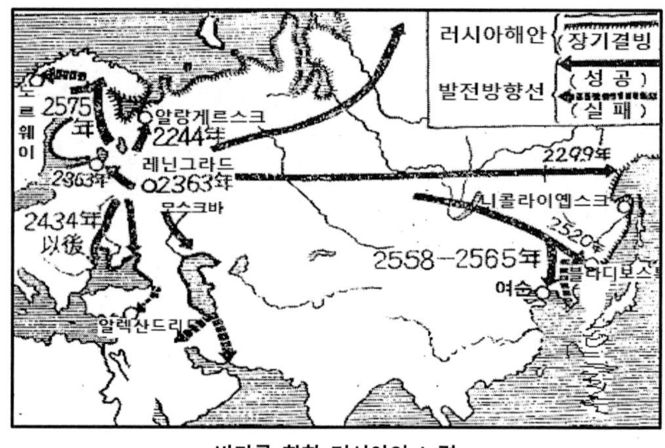

바다를 향한 러시아의 노력

섬나라 영국 영국은 독일의 서쪽에 좁은 해협을 사이에 두고 위치하고 있는 작은 섬나라로, 면적은 우리나라의 약 3분의 1 정도입니다.

영국 내에는 석탄과 철의 산지가 많고, 해륙교통에서도 혜택을 받고 있어서, 일찍부터 공업을 일으키고 상업을 발전시켜서 그 이름을 드러냈으며, 수도 런던의 경우 한때는 세계경제의 중심이 되어 있었습니다.

그러나 영국 번영의 이면에는 많은 지역이 잇달아 침략당하고, 원료의 공출과 제품 소비를 위해서 이용되어졌던 것을 잊어서는 안 됩니다. 말레이, 버마를 비롯하여 인도, 호주, 뉴질랜드, 남아프리카공화국 및 캐나다 등이 그런 나라들입니다.

프린스 오브 웨일즈호의 최후

영국은 이들 세계 각지에 산재해 있는 영토와 본국을 연결하기 위해, 해군력의 충실과 해운력 강화에 힘을 쏟아 왔습니다. 그러나 태평양전쟁 이래, 이 영국의 생명줄이던 상선(商船)과 군함이 황군에 의해 분쇄되고, 또 싱가포르를 시작으로 그 중요한 근거지를 차례차례로 잃었습니다. 그 때문에 오늘날의 영국에는 대영제국으로 불렸던 당당한 모습조차 찾아볼 수 없으며, 겨우 미국에 의지하여 그 붕괴를 저지하고 있는 것에 지나지 않습니다.

국민의 수는 우리나라의 2분의 1에도 채 못 미칩니다. 대부분은 앵글로색슨족으로, 이기적인 점과 오만한 점이 알려져 있습니다.

아프리카 아프리카는 아시아에 이어 큰 대륙입니다만, 대부분이 열대지역으로, 사막과 밀림이 넓게 발달해 있습니다. 게다가 대체로 높은 대지가 이어져 해안에 닿아 있기 때문에 북부와 남부의 일부 외에는 거의 미개발지입니다.

아프리카의 사막

이집트는 대부분이 서부아시아로 이어지는 사막입니다만, 나일강 연안만큼은 옛날부터 문화가 개화되었으며, 수도 카이로는 아프리카 제일의 도시입니다. 부근은 아시아와 유럽에 가깝고, 또 지중해 입구를 차지하는 중요한 위치에 있기 때문에 자주 열강의 쟁탈지가 되기도 하였습니다.

오아시스와 시장

이 요지에 있는 수에즈운하는 수에즈지협을 절개하여 만든 것으로, 인도양과 지중해, 즉 아시아와 유럽을 연결하는 중요한 통로로서, 아프리카의 남쪽을 회항하는 경우에 비하여 약 5천 해리나 단축할 수 있어서, 파나마운하와 비견되는 유명한 운하입니다.

대륙의 남쪽 끝에 있는 남아프리카공화국은, 영국이 침략하여 점유한 곳입니다. 인도양과 대서양을 잇는 요지로서 주목하지 않으면 안 됩니다. 케이프타운은 그 중심지입니다.

11. 황국일본

우리는 환경의 관찰에서 시작하여, 우리나라 전체의 사항 혹은 동아시아와 세계의 모습에 이르기까지 대강 알 수 있었습니다. 그러나 다시 한 번 동아시아와 세계를 살펴본 눈으로 우리나라의 모습을 바라봅시다.

국토와 국민 우리나라 역사는 세계에 비교할 수 없는 뛰어난 것으로, 해 뜨는 나라 일본의 이름에 걸맞게 건국 이래 줄기차게 발전을 지속해 왔습니다. 그리고 지금은 대동아는 말할 것도 없고, 전 세계를 지도하는 나라가 되었습니다.

우리의 찬란한 역사와 강인한 국력이 존귀한 국민성을 기반으로 하고 있음은 말할 나위도 없습니다만, 또한 빼어난 국토에서 양육되어졌던 까닭인 것도 잊어서는 안 됩니다.

우리나라는 세계에서 가장 넓은 태평양과 세계에서 가장 큰 아시아대륙을 동서에 두고, 양쪽을 연결하여 길게 남북으로 이어져 있습니다.

밖으로는, 태평양에 대해서는, 북쪽 지시마열도에서부터 남쪽 남태평양으로 펼쳐진 섬들에 의해 그 서쪽 가장자리를 껴안은, 마치 날개를 펴고 나아가는 듯한 적극성을 드러내고 있습니다. 또 안으로, 아시아대륙에 대해서는, 몇 개인가의 연해(緣海)에 의하여 적당하게 간격을 유지하면서 마치 이를 보호하려는 듯이, 또 제압하려는 듯이 그 전면으로 전개되고, 동시에 조선반도를 통해 대륙과도 굳게 연결되어있습니다.

우리나라가 건국 이래 단 한 번도 외적에 의해 침범당한 적이 없이, 신국(神國)의 자긍심도 드높게 끊임없이 이어져 오늘에 미치고, 또 국민의 단결심이 굳어 애국정신이 강한 것, 혹은 대륙문화를 충분히 받아들여 훌륭한 일본문화를 확립하였던 것 등은 무엇보다도 이 뛰어난 위치에 의한 점이 많습니다.

황군이 육해군을 거느리고 세계무비의 정예를 구가하고 있는 것도 바다가 좋고 육지가 좋은 우리 국토에 깊이 뿌리내리고 있기 때문입니다.

적전(敵前) 상륙

진실로 우리나라는 단순히 섬과 반도로 구성된 작은 나라가 아니라, 세계 제일의 해양과 대륙을 장악하고, 활기차게 무궁히 발전할 수 있는 신국(神國)입니다.

그리하여 우리 국토와 대륙이나 해양과의 관련은, 우리나라로 불어오는 계절풍에 의해 한층 더 강해지고 있습니다.

즉, 여름은 현저하게 고온인데다 남동풍이 습기를 가져다주어, 마치 우리 국토가 열대인 남태평양으로 이동한 듯하게 됩니다. 이에 비해 겨울 북서풍은 북방 아시아대륙의 한랭함을 지니고, 우리나라 거의 전 지역을 휘감아버립니다.

우리나라의 기후는 대체로 온화하다고는 하지만, 계절에 따라 현저하게 변화가 있어 결코 평범하지는 않습니다.

고래로부터 우리 국민이 삭풍이 부는 북쪽 바다에도, 또 이글거리는 남쪽 땅에서도, 용감하게 웅비해 왔던 점이나, 오늘날 황군장병이 남과 북의 구별 없이 혁혁한 전과를 올리고 있는 것 등은 이 변화무쌍한 기후 아래서 조상 대대로 단련된 덕분이라 할 수 있겠지요.

유럽인과 미국인은 남방 여러 지역으로 이주하는 것이 곤란하기 때문에 대동아에서도, 아프리카에서도, 또 아메리카에서도 고온다습한 지역의 진정한 개발은 그들의 손으로는 불가능했던 것입니다. 이에 비해 세계 어느 곳이든지 활동할 수 있는 일본인이야말로 세계에서 가장 뛰어난 지도자의 소질을 갖추었다고 할 수 있습니다.

우리나라에서는 기후뿐만 아니라 지형 또한 변화가 풍부합니다. '오야시마(大八洲, 일본의 다른 이름)'라는 이름에 어울리는 수많은 섬들은 서로 호응하듯 해협과 내해를 사이에 두고 늘어서 있습니다. 또 조선과 관동주 같은 반도도 있습니다.

해안선의 드나듦이 많은 것도 세계 굴지입니다. 더욱이 각지에 고산준봉(高山峻峰)이 솟아있어 깊은 계곡을 가르며 흐르는 청류(淸流)도 있습니다.

이같이 복잡한 지형은 변화무쌍한 기후와 어우러져서, 우리 국토를 한없이 아름답고 돋보이게 합니다. 해안으로 산악으로, 도처에 전개되고 있는 아름다운 풍경은 우리 국민의 혼을 어떻게 풍요롭게 배양시켜 온 것일까요?

후지산과 벚꽃

진실로, 우리국토야말로 청결하고 공명한 일본의 마음을 길러준 부모입니다.

그러나 우리 자연은 단순히 편안하고 아름다운 것만은 아닙니다. 때로는 화산이 활동하여 지진이 일어나고, 태풍이나 해일도 내습하는가하면, 홍수와 가뭄의 우려도 있습니다. 하지만 이들 재앙은 국민에게 있어서는 불요불굴(不撓不屈)의 마음을 단련시키고 갱생의 힘을 일깨우는 기회도 되어, 한층 더 국토에 대한 경애심을 강화시켜 왔습니다.

세계에서 우리국민만큼 자연을 사랑하고, 경외하고, 또 이와 친근한 국민은 없다고 합니다. 우리들의 삶을 뒤돌아보면, 의식주(衣食住) 모든 것에 걸쳐서 자연이 마음껏 거둬들일 수 있게 하여, 오히려 자연과 일체가 된 느낌이 깊습니다.

일본식 정원

진실로 우리국토는 신이 만들어 하사하신 것으로, 우리들 국민이 함께 서로 대동하여, 천황을 섬겨 받드는 동포입니다.

우리들은 이처럼 고마운 국토에서 삶을 향유하고 있는 것입니다. 이 점을 깊이 마음에 간직하고, 우리들의 국토, 신의 땅을 굳게 지켜나가지 않으면 안 됩니다.

우리국토는 면적이 약 68만 평방킬로미터로, 세계 주요 국가에 비하면 큰 편은 아닙니다. 그러나 인구는 1억을 헤아리며, 그 밀도도 1평방킬로미터에 150명을 넘고 있습니다. 게다가 인구증가 비율이 높기로는 열강 중에서도 으뜸으로, 참으로 든든하기 그지없습니다.

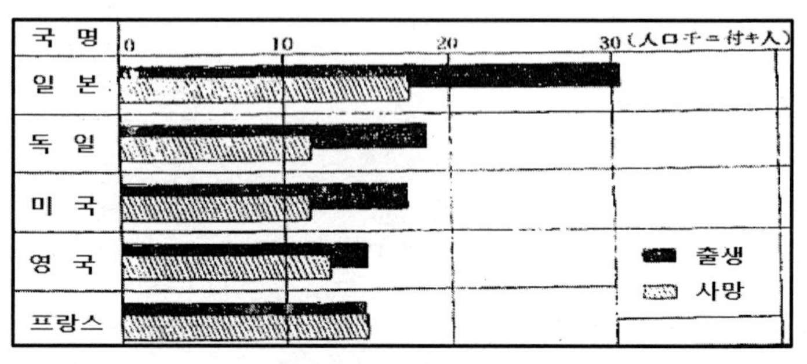

열강국과의 인구증가율 비교

국토와 산업 면적이 좁아서, 물산(物産)의 양은 많지 않지만, 변화가 풍부한 풍토는 국민의 근면성과 어우러져, 그 종류를 다양하게 하여, 예로부터 '산해진미(山海珍味)'의 풍성함을 노래하게 합니다.

원래 우리나라는 농업을 주로 하는 나라로, '미즈호노쿠니(瑞穗國, '벼이삭이 결실하는 나라'라는 의미의 일본의 미칭)라고도 불리며, 국민의 절반은 농업에 종사하고 있습니다.

토지는 주로 산지로, 평원이 적은 탓에 경작지의 면적은 전체 면적의 20%에 지나지 않습니다. 그러나 다행히 계절풍지대에 위치하고 있어서, 여름철은 고온다우(高溫多雨)의 혜택으로. 농업을 하기에는 좋은 형편이므로, 토지는 용의주도하게 이용되고 있습니다. 특히 많은 인구를 포용하고 있어서 자연히 식량생산에 중심을 둔 집약농업이 이루어졌으며, 쌀을 비롯하여 보리, 콩, 고구마, 감자, 사탕수수 등은 주요 산물입니다.

그래서 식량은 대체로 국내에서 자급자족을 할 수 있습니다. 이 점은 전시체제에서 참으로 고마운 일입니다.

쌀은 아시아 계절풍지대의 특산물로, 동아시아 사람들의 주식입니다. 우리나라에서는 사할린을 제외하고, 거의 전 국토에서 재배되고 있습니다만, 곡창으로 기대되는 조선에서는 한층 증산에 힘쓰지 않으면 안 됩니다.

식용작물에 비해 공예작물이 적은 것은 큰 결함입니다만, 우리나라로서는 어쩔 수 없는 일입니다. 면은 조선과 기타 지역에서 재배되고 있습니다만, 도저히 국내 수요에 부응할 수 없어서, 전쟁 전에는 미국과 인도 등에서 수입하였습니다. 그러나 대동아공영권에는 면의 재배에 적합한 곳도 많아서 앞으로는 공영권에서 자급자족할 수 있게끔 하지 않으면 안 됩니다.

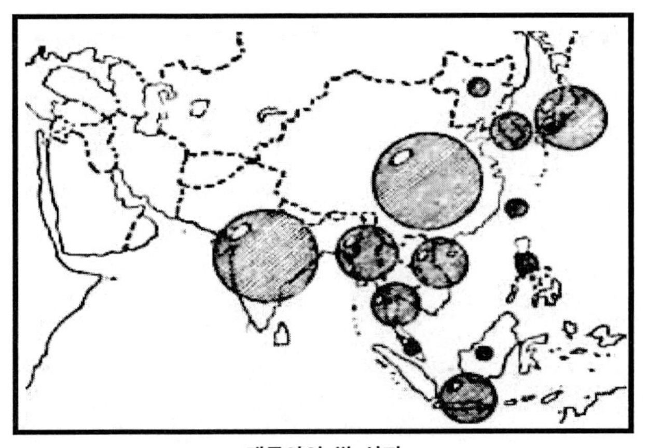

대동아의 쌀 산지

양잠은 예로부터 농가에서 시행되고 있었습니다. 혼슈 중앙 고지를 비롯하여, 국내 각지에서 생산되는 생사는 그 질과 양이 모두 세계 제일로, 이제는 동아시아의 중요한 섬유자원이 되고 있습니다.

우리나라는 들판이 부족하고, 습기로 적셔있기 때문에, 유럽이나 미국과 같이 대규모의 목축은 이루어지고 있지 않습니다. 또 외국처럼 농업에 많은 가축의 힘을 이용하지 않으므로, 소와 말의 사육마릿수도 많은 편은 아닙니다.

그러나 말은 군마로, 소는 경작용이나 식용 등으로, 제각기 중요하기 때문에, 둘 다 사육마릿수는 점차 증가하고 있습니다. 면양은 조선과 기타 지역에서 사육되고 있습니다만, 사육마릿수가 적어서 양모의 대부분은 외국에서 공급받지 않으면 안 됩니다.

조선의 면양

가까이에 세계 제일의 양모산지 호주를 마주하고 있습니다만, 북부중국이나 만주 등 적합한 지역에서도 면양의 사육을 활발히 하지 않으면 안 됩니다.

대체로 고온다우인 우리나라의 기후는 나무의 생육에 적당하고, 게다가 산지가 많은 까닭에, 우리국토의 절반은 삼림으로 덮여있어 풍경도 운치를 더하고 있습니다. 기후와 지형이 변화무쌍하기 때문에 나무의 종류도 매우 많아서 목재나 연료용 재목으로, 혹은 펄프와 종이 등의 원료로 이용되고 있습니다. 그러나 국산만으로는 부족하기 때문에 근래 동인도의 여러 섬, 기타 남방 각지의 산림개발을 활발하게 진행하고 있습니다.

남방의 티크나무 숲

국토의 대부분은 바다를 둘러싸고 있어, 해안선이 길기로는 세계 굴지입니다. 게다가 연안은 구로시오(黑潮), 오야시오(親潮)를 비롯한 난류와 한류에 씻기고, 또 근해에는 얕은 바다가 넓게 발달하여 어족도 많으므로, 국민의 용감한 성격과 어우러져, 예로부터 수산업은 우리나라의 주요한 산업으로 손꼽히고 있습니다. 그리고 이제 우리 어선의 활동범위는 단순히 연안뿐만이 아닌 북태평양에서 남쪽바다로, 또 태평양에서 인도양에 미치고, 수산물이나 수산제조물은 세계 제일의 풍요로움을 드러내며, 국내에서 식량과 공업용원료 등으로 이용되는 것 외에도, 대동아의 각지로도 송출되고 있습니다.

제염업은 세토나이카이연안을 비롯하여, 조선, 대만의 서해안, 관동주 등에서 이루어지고 있습니다만, 최근 공업용 소금의 수요가 크게 증가하였기 때문에 북부중국 등에서 수입하고 있습니다.

광산물의 종류는 상당히 많지만, 생산액은 대체로 적어서 우리나라 제일의 광산물이라 일컬어지는 석탄도 국내산만으로는 충분하지 않습니다. 또 석유나 철 등의 중요한 광산물의 혜택도 없습니다.

그러나 최근 국내는 말할 것도 없고 중국, 만주의 철광산이나 탄전 등의 개발이 활발하게 진행되고 있고, 또 남방지역의 풍부한 석유, 주석 기타 다양한 광물도 우리나라 사람들의 손으로 연달아 채굴되게 되었습니다. 그래서 지금까지 우리 자원 중에서 가장 부족하다며 염려하던 지하자원도 앞으로는 대동아에서 자급자족 할 수 있게 되겠지요.

우리나라의 공업은 최근 눈부시게 발전하여 제품의 종류와 생산액도 세계 굴지입니다.

기존에는 방직 등 경공업이 중심으로, 면직물이나 기타 섬유 제품이 우리나라 주요 수출품이었습니다만, 전시하인 현재는 금속, 기계 등 중공업이나 여러 종류의 화학공업 등이 그것에 대체되어 눈부신 발전을 지속하고 있습니다.

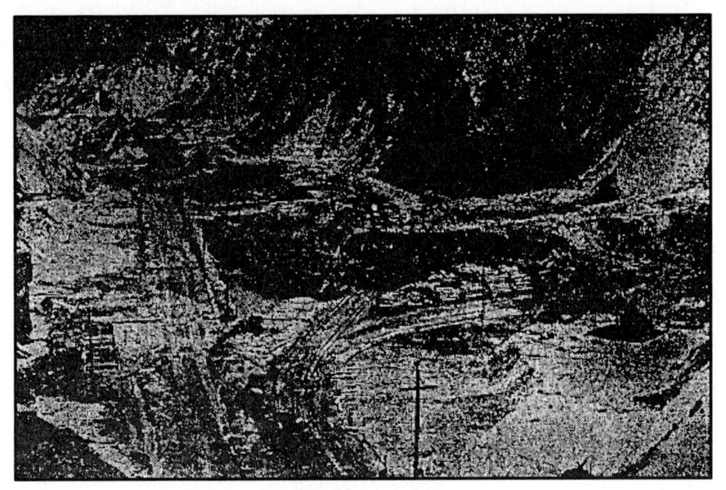

남방의 주석 광산

우리 국토는 해상교통을 혜택을 받고 있기 때문에, 원료와 제품의 운반에 좋은 조건인 것은 물론입니다만, 또한 수력전기의 이용도 편리하고 인구가 많은 데다 국민은 근면하고 과학적 기술도 우수합니다. 따라서 세계의 보고로 불리는 남방에 새로운 건설이 진행되고, 또 10억에 가까운 인구를 떠안고 있는 대동아에 공영권을 확립하려 하고 있는 오늘날, 공업의 전도는 실로 양양하다 할 것입니다.

이처럼 뛰어난 1억의 국민은 아름다운 국토와 일체가 되어, 국력이 왕성한 대일본을 건설해가고 있습니다. 그리고 이제 황국을 이끄는 힘에 의지하는 대동아에는, 새로운 건설의 위업이 날이 갈수록 눈부시게 진행되고 있습니다.

1943년 11월에는 제국의 수도 도쿄에 대동아회의가 개최되어 우리나라를 비롯하여 만주, 중국, 태국, 버마 및 필리핀 등 동아 6개국의 대표가 참여하여, '대동아공동선언'을 공표하였습니다. 그리고 동아 10억의 총력을 모아, 태평양전쟁에 승리하기 위해, 대동아건설과 세계의 진운에 공헌할 것을 굳게 약속하였습니다. 실로 세계역사가 시작된 이래의 장관이라 하지 않을 수 없습니다.

오랫동안 미국, 영국 등의 침략으로 그 본래의 모습을 잃고 있던 아시아에도 이제는 희망의 서광이 밝아오려 하고 있습니다.

우리들은 세계에 다시없는 훌륭한 국토에서 태어나, 존귀한 국체로 길러지고 있는 것을 깊이 생각하고, 만백성과 온 나라가 각각 그 장소를 획득하기 위해 어떠한 고난도 극복하고, 미국 영국을 격멸하는 한길로 매진하지 않으면 안 됩니다.

昭和十九年三月二十五日翻刻印刷
昭和十九年三月二十八日翻刻發行

初等地理六年

定價金二十八錢

本書ノ本文並ニ寫眞・地圖ハ陸軍省海軍省ト協議濟

著作權所有

著作兼發行者 朝鮮總督府

京城府龍山區大島町三十八番地
翻刻發行兼印刷者 朝鮮書籍印刷株式會社
代表者 諏訪務

京城府龍山區大島町三十八番地
發行所 朝鮮書籍印刷株式會社

▶ 찾아보기

(ㅇ)

(ㅊ)

(ㅋ)

(ㅌ)

(ㅍ)

(ㅎ)

역자소개

김순전 金順槇

소속 : 전남대 일문과 교수, 한일비교문학・일본근현대문학 전공

대표업적 : ① 저서 : 『일본의 사회와 문화』, 제이앤씨, 2006년 9월
② 저서 : 『한국인을 위한 일본소설 개설』, 제이앤씨, 2015년 8월
③ 저서 : 『한국인을 위한 일본문학 개설』, 제이앤씨, 2016년 3월

박경수 朴京洙

소속 : 전남대 일문과 강사, 일본근현대문학 전공

대표업적 : ① 논문 : 「제국주의 지리학의 지정학적 고찰 - 조선총독부 편찬 『初等地理』를 중심으로-」, 『일본어문학』 제70집, 일본어문학회, 2015년 8월
② 논문 : 「일제의 식민지 지배전략과 神社 - 조선총독부 편찬 <地理>교과서를 중심으로-」, 『일본어문학』 제72집, 일본어문학회, 2016년 2월
③ 저서 : 『정인택, 그 생존의 방정식』, 제이앤씨, 2011년 6월

사희영 史希英

소속 : 전남대 일문과 강사, 한일 비교문학 일본근현대문학 전공

대표업적 : ① 논문 : 「태평양전쟁말기 한・일 「地理」교과서 비교 고찰 - 朝鮮總督府 『初等地理』와 文部省 『初等科地理』를 중심으로-」, 『日語日文學』 제76집, 대한일어일문학회, 2017년 11월
② 저서 : 『『國民文學』과 한일작가들』, 도서출판 문, 2011년 9월
③ 저서 : 『잡지 『國民文學』의 詩世界』, 제이앤씨, 2014년 1월

조선총독부 편찬 초등학교 <地理>교과서 번역(下)

초판인쇄 2018년 3월 12일
초판발행 2018년 3월 19일

편 역 자 김순전·박경수·사희영
발 행 인 윤석현
발 행 처 제이앤씨
등록번호 제7-220호
책임편집 안지윤·박인려

우편주소 01370 서울시 도봉구 우이천로 353, 3층
대표전화 (02) 992-3253(대)
전　　송 (02) 991-1285
전자우편 jncbook@daum.net
홈페이지 www.jncbms.co.kr

ISBN 979-11-5917-102-4 (94980)　　정가 26,000원
979-11-5917-100-0 (전2권)